Global Sourcing im Handel

Helmut Merkel · Peter Breuer
Christoph Eltze · Jürgen Kerner

Global Sourcing im Handel

Wie Modeunternehmen
erfolgreich beschaffen

 Springer

ISBN 978-3-540-77059-6   e-ISBN 978-3-540-77060-2

DOI 10.1007/978-3-540-77060-2

Bibliografische Information der Deutschen Nationalbibliothek
Die Deutsche Nationalbibliothek verzeichnet diese Publikation in der Deutschen Nationalbibliografie;
detaillierte bibliografische Daten sind im Internet über http://dnb.d-nb.de abrufbar.

Textredaktion: Jutta Scherer, JS textworks, München
Herstellung: LE-TEX Jelonek, Schmidt & Vöckler GbR, Leipzig
Einbandgestaltung: WMX Design GmbH, Heidelberg

Gedruckt auf säurefreiem Papier

9 8 7 6 5 4 3 2 1

springer.com

Geleitwort

In den letzten Jahren haben sich die Wettbewerbsbedingungen für Handelsunternehmen grundlegend geändert, bedingt durch die zunehmende Kaufzurückhaltung der Konsumenten und die starken Konzentrationsbewegungen auf Anbieterseite. Vor allem die Situation im europäischen Bekleidungseinzelhandel ist von Marktstagnation und einem aggressiven Verdrängungswettbewerb geprägt, in dem der Preis zum überzeugendsten Verkaufsargument wird, während gleichzeitig eine immer höhere Qualität und Aktualität der Waren von den Kunden als selbstverständlich vorausgesetzt wird.

In einem derart schwierigen Umfeld profitabel zu bleiben und sogar weiteres Unternehmenswachstum zu generieren, wird für jeden Bekleidungshändler damit zu einer enormen Herausforderung. Um langfristige Erfolge aufzuweisen, sind eine konkurrenzfähige Kostenstruktur sowie die Fähigkeit, auf die von wechselnden Modetrends und Saisonalitäten beeinflussten, individualisierten Kundenbedürfnisse flexibel und schnell reagieren zu können, wesentliche Voraussetzungen.

Mit einer verstärkten Hinwendung zum Eigenmarkengeschäft gelingt es einigen Händlern seit längerem, sich gegenüber ihren Mitbewerbern erfolgreich zu profilieren und ihre Kosten- und Erlössituation nachhaltig zu verbessern. Eigenmarken bieten dem Bekleidungshandel die Chance, Einfluss auf Preis, Qualität und Design der Produkte zu nehmen und damit viel gezielter auf die Bedarfswünsche der Konsumenten eingehen zu können. Darüber hinaus eröffnen sich dem Handel erhebliche Möglichkeiten, durch unmittelbare Gestaltung und Steuerung der Supply Chain beträchtliche Kostenpotenziale zu heben. Da sich mit steigender Einflussnahme des Handels auf seine Supply Chain auch die Anforderungen an die Organisation der Beschaffungs- und Logistikprozesse deutlich erhöhen, bedarf es einer gründlichen Neuausrichtung der entsprechenden Unternehmensfunktionen.

Das vorliegende Buch hilft, die Komplexität der neuen Aufgaben in der Beschaffung und Logistik zu verstehen und diese besser zu beherrschen. Hierfür analysieren die Autoren wesentliche Gestaltungsfelder, die mit der Organisation der Beschaffungs- und Logistikprozesse verbunden sind, geben klare Handlungsempfehlungen und liefern Methoden zur Entscheidungsfindung. Dabei brechen die Autoren mit der tradierten Sicht auf die Beschaffung, bei der ausschließlich die Suche nach kostengünstigeren Einkaufskonditionen im Vordergrund steht. An ihrer Stelle zeichnen sie ein ganzheitliches Bild der Beschaffungs- und Logistikprozesse, das von der Festlegung der jeweiligen Leistungstiefe über die Auswahl und Entwicklung von Märkten und Lieferanten bis hin zur logistischen Gestaltung und Steuerung der Waren- und Informationsströme reicht.

Untermauert werden die Empfehlungen des Autorenteams durch Unternehmensbeispiele und Aussagen aus der Handelspraxis, die in einer umfassenden Untersuchung gewonnen wurden. Die empirische Grundlage dafür bildet eine mit der Technischen Universität Berlin gemeinsam durchgeführte Befragung, bei der bedeutende Unternehmen des Bekleidungseinzelhandels sowie Markenhersteller zu ihrer Beschaffung und Logistik Auskunft gaben.

Den Autoren ist es zweifellos gelungen, ein Werk vorzulegen, das zu einer neuen Sicht der Beschaffung und logistischen Abwicklung im Bekleidungshandel führen dürfte, da es bislang ungenutzte Verbesserungspotenziale in der Supply Chain aufzeigt. Angesichts der interessanten Ergebnisse sowie aufgrund des hohen Praxisbezugs liefert das Buch damit nicht nur wertvolle Anregungen für Einkaufs- und Logistikmanager der Textil- und Bekleidungswirtschaft, sondern auch für jene in anderen Handelsbranchen. Es ist zudem als

Anregung für die wissenschaftliche Auseinandersetzung mit dem Thema zu sehen.

Dem Buch wünsche ich eine gute Aufnahme und breite Anerkennung in Theorie und Praxis.

Prof. Dr.-Ing. Frank Straube   Oktober 2007
Leiter des Bereichs Logistik,
Technische Universität Berlin

Inhalt

8   So wächst Ihre Beschaffung in die neue Rolle: Empfehlungen für ein Verbesserungsprogramm........................... 171

Einleitung:
Aufstieg der Eigenmarken –
Herausforderung und Chance

Noch vor wenigen Jahren waren die Rollen in der Modebranche klar verteilt: Markenhersteller planten ihre Sortimente, gestalteten die Kleidungsstücke und organisierten deren Produktion – Einzelhändler stellten aus diesen Sortimenten ihr Warenangebot für den Endverbraucher zusammen.

Inzwischen bietet sich ein anderes Bild. Die Gruppe wirklich gefragter Herstellermarken wird immer kleiner, die Bandbreite des Angebots geringer. Auch Endkunden haben inzwischen registriert, dass in immer mehr Geschäften dieselben Marken zu finden sind – welchen Unterschied macht es da noch, ob man bei diesem oder jenem Anbieter seine Garderobe kauft? Aus Händlersicht aber heißt das: Wer sich heute noch darauf beschränkt, Artikel aus den Kollektionen der Markenanbieter herauszupicken, wird über kurz oder lang in Differenzierungsprobleme geraten.

Hinzu kommt, dass aus dem Ringen um die Gunst des Kunden ein regelrechter Krieg der Distributionskanäle geworden ist. Denn Herstellermarken werden schon lange nicht mehr nur von den (traditionellen) Einzelhändlern verkauft – immer mehr Markenmacher gehen dazu über, ihre eigenen Ladenketten zu betreiben, ob in Eigenregie oder im Rahmen weit vernetzter Franchise-Systeme. Damit sind sie für die Händler heute Lieferanten und Wettbewerber zugleich.

„Markenorientierte" Einzelhändler stehen also vor der Herausforderung, neue Differenzierungswege zu finden. Neben Marketing und

Vertrieb rückt damit die Sortimentsstrategie stärker in den Vordergrund: Hier gilt es, den Anteil der Eigenmarken auszubauen – denn nur mit profilstarken Eigenmarken kann sich das einzelne Unternehmen deutlich vom Wettbewerb abheben und Wachstumspotenziale erschließen. Das Streben nach Unverwechselbarkeit verlangt auch, dass das Design künftig weit mehr als bisher unter eigener Kontrolle bleibt: Voraussetzung für die erfolgreiche Positionierung von Eigenmarken ist nun einmal, dass die Produkte eine eigene Handschrift tragen – nur dann erkennen Kunden sie als etwas Besonderes, für das sie bereit sind, (mehr) Geld auszugeben.

Dem Händler bieten Eigenmarken gegenüber Herstellermarken klare Vorteile: Sie können viel gezielter auf die Bedürfnisse der eigenen Kunden und auf die Marken- und Sortimentsstrategie des eigenen Unternehmens abgestimmt werden. Und sie sind wesentlich günstiger zu beschaffen: Zum einen, weil die Margen der Markenanbieter entfallen; zum anderen, weil nur bei Eigenmarken der Händler auf die gesamte Lieferkette – die „Supply Chain" – Einfluss nehmen kann. Bei Markenartikeln hingegen bestimmt nach wie vor der Markenanbieter, wo und wie die Ware beschafft wird.

Das wachsende Eigenmarkengeschäft ist für Einzelhändler also Notwendigkeit und Chance zugleich: Endete früher ihr Einfluss in den Verhandlungen mit dem Markenhersteller, können (und müssen) sie nun selbst die Lieferkette so gestalten, dass sie ihre übergreifende Unternehmensstrategie optimal unterstützt. Was dies konkret heißt, erläutern die folgenden Kapitel:

1. Die Beschaffungsfunktion wächst in eine ganz *neue Rolle* hinein: Vom internen Dienstleister und Auftragsabwickler wird sie zum Gestalter. Das heißt auch, dass der Fokus ein anderer wird: Anstatt sich vornehmlich an den Kosten zu orientieren, wird die Beschaffung künftig das Gesamtergebnis im Blick haben. Die ganze Lieferkette muss an den Bedürfnissen der (klar zu definierenden) Zielkundschaft ausgerichtet werden – sei es, dass diese in erster Linie herausragende Qualität, Aktualität oder niedrige Preise erwartet. Nur wenn die Wünsche der Kunden optimal erfüllt werden, gelingt die Differenzierung, und es

lassen sich zusätzliche Umsatz- und Ergebnispotenziale erschließen. Gleichzeitig bringt es die umfassendere Verantwortung mit sich, dass neben dem Bauchgefühl künftig noch mehr Systematik und Analytik erforderlich werden.

2. Erste und grundlegende Gestaltungsaufgabe der Beschaffung ist die Festlegung der *Supply-Chain-Strategie*. Dabei geht es im Wesentlichen darum, wie viel Kontrolle das eigene Unternehmen auf den verschiedenen Wertschöpfungsstufen im Hause behalten soll: Ob man das Fashion Design in die eigene Hand nimmt oder sich auf Partner verlässt, ob man über Vermittler einkauft oder die Ware besser direkt beim Produzenten bezieht, ob es Lohnfertigung in Verbindung mit eigenem Stoffeinkauf oder aber das „Gesamtpaket" sein soll, ob man vielleicht sogar selbst einen Teil der Fertigung übernimmt: Von diesen grundlegenden Weichenstellungen hängen die weiteren Entscheidungen bei der Ausgestaltung der Lieferkette ab. Und auch sie sollte man systematisch angehen, nicht etwa in Fortschreibung gewachsener Strukturen.

3. Eine Entscheidung von großer Tragweite ist dabei die Wahl der *Produktionsländer*. Und alle blicken nach China – zumindest derzeit noch. Über kurz oder lang dürfte sich auch das ändern, denn schon heute ist absehbar, dass sich die chinesischen Betriebe künftig mehr dem Binnenmarkt zuwenden werden. Hinzu kommen die langen Lieferzeiten – oder, alternativ, der unter Umweltgesichtspunkten zunehmend kritisierte Lufttransport. Doch anhand klarer Kriterien kann jedes Unternehmen die jeweils am besten geeigneten Beschaffungsländer Schritt für Schritt auswählen und sich ein Länderportfolio aufbauen, das den spezifischen Anforderungen entspricht und länderspezifische Beschaffungsrisiken adressiert.

4. Auch bei der Auswahl und Steuerung von *Lieferanten* gilt es, eine individuelle Lösung zu finden. Für das eine Unternehmen empfiehlt es sich, Lieferanten mit Entwicklungskompetenz zu engagieren; das andere tut besser daran, nur das Fertigungs-Know-how der Produktionspartner zu nutzen und dafür günstiger und flexibler beschaffen zu können. In diesem Zusam-

menhang bietet sich auch eine besondere Chance, die viele Unternehmen der Branche im Vergleich zu anderen Industrien bislang zu wenig nutzen: nämlich die, durch intensive Lieferantenentwicklung gemeinsam günstiger, schneller und besser zu werden. Weiterentwicklung der Beschaffung heißt somit auch Konzentration auf wenige, professionelle Partner.

5. Im Mittelpunkt der *logistischen Abwicklung* steht die Steuerung der Warenströme vom Produzenten bis in den Laden. Dabei ein optimales Verhältnis von Kosten und Transportzeit sicherzustellen – so, dass die Ware die Kundenerwartungen an Trendnähe und Preisniveau gleichermaßen erfüllt –, ist keine triviale Aufgabe. Es gilt, die spezifischen Vor- und Nachteile der verschiedenen Transport- und Lagerkonzepte genau abzuwägen und auf dieser Basis eine fundierte Entscheidung zu treffen. Und wiederum stellt sich die Frage, ob man diese Aufgabe besser Externen überlässt. Zweiter Gegenstand der logistischen Steuerung ist der Informationsfluss: Transparenz in der gesamten Lieferkette ist erfolgskritisch.

6. Die richtige *Steuerlogik* ist Voraussetzung dafür, dass weder Abschriften noch Fehlmengen in unangemessene Höhen steigen: Sowohl für die Produktion als auch für die Distribution ist dabei zwischen den beiden Steuerungsprinzipien „Push" und „Pull" zu wählen. Dabei geht es einmal darum, ob man die geplante Warenmenge auf einmal liefern lässt oder – in Abhängigkeit vom tatsächlichen Verkaufserfolg – in „Schüben" abruft; die andere Frage ist, wie viel der produzierten Waren direkt an die Points of Sale ausgeliefert und wie viel zunächst auf Lager gelegt werden soll, um flexibel auf regionale Nachfrageunterschiede reagieren zu können. Für die Never-out-of-Stock-Ware (NOS) – typischer „Pull-Vertreter" und oft strategisch wichtig – sind dabei einige Erfolgsfaktoren zu beachten.

7. Den Rahmen um alle Prozesse bildet die *Aufbauorganisation* der Beschaffung. Händler und Markenanbieter sind hier gefordert, die Grenzlinien zu angrenzenden Funktionen, zwischen zentralen und dezentralen Beschaffungseinheiten (innerhalb der Unternehmenszentrale) sowie zwischen der Zentrale und

den Einkaufsbüros vor Ort klar zu definieren und die Aufgaben entsprechend zu verteilen. Dabei zeichnet sich immer stärker eine Lösung ab, in der eine zentrale Beschaffung strategische, eine dezentrale eher operative Aufgaben wahrnimmt und in der immer mehr Verantwortlichkeiten an die Einkaufseinheiten vor Ort im Beschaffungsmarkt übertragen werden. Thematisch spezialisierte und gemischt besetzte Teams sorgen dabei für wohl informierte Entscheidungen – eine systematische Abstimmung und vertrauensvolle Zusammenarbeit zwischen den organisatorischen Einheiten vorausgesetzt.

8. Den Übergang zu einer Beschaffung mit all diesen Merkmalen schafft man mit einem umfassenden *Verbesserungsprogramm*. Es gewährleistet, dass systematisch ein Schritt nach dem anderen durchlaufen wird und weder die zahllosen Fragen des Tagesgeschäfts noch eine übermäßige Risikoaversion Einzelner das Vorhaben zu sehr behindern können. Ausgehend von einer Diagnose des Status quo werden dabei Lösungen entwickelt und zunächst auf Machbarkeit und Nutzen überprüft, bevor sich die Umsetzung auf breiter Linie anschließt. Dabei hat sich in der Praxis vielfach gezeigt: Unverzichtbar sind professionelles Projektmanagement und regelmäßige Fortschrittskontrolle. Die größten Erfolgschancen aber hat ein solches Vorhaben, wenn es außerdem auch zur Chefsache gemacht wird.

Ergänzt werden die Ausführungen in jedem Kapitel durch Zitate und Fallbeispiele. Sie entstammen einer internationalen Umfrage zum Thema, an der zwanzig führende Einzelhändler und Markenhersteller der Branche teilgenommen haben (siehe Kasten).

An dieser Stelle sei eines besonders betont: Wir sprechen mit unserem Buch zwar in erster Linie die klassischen Einzelhändler an, von denen viele in eine neue Rolle hineinwachsen müssen. Aber auch Markenanbieter, die sich seit jeher mit der Steuerung der Wertschöpfungsstufen beschäftigt haben, werden in den folgenden Kapiteln Nützliches und Neues finden. Und nicht nur sie: Wer die Beschaffung im Bekleidungseinzelhandel beherrscht, ist auch für die Beschaffung in anderen Einzelhandelssektoren gerüstet – denn die temporeiche Textilbranche gibt häufig den Schritt vor.

Die Beschaffung auf Weltklasseniveau bringen: Wie das gelingen kann, ist auf den folgenden Seiten nachzulesen.

Bekleidungsbranche umfassend abgebildet

Empirisches Fundament für das vorliegende Buch ist eine gemeinsame Praxis-Studie mit der Technischen Universität Berlin, Fachbereich Logistik. 20 Bekleidungsunternehmen wurden zwischen August 2006 und Februar 2007 zum Thema Beschaffung befragt:

- 12 europäische,

- 6 nordamerikanische,

- 2 südamerikanische.

Alle Unternehmen zählen in ihrem Teil der Welt, gemessen am Umsatz, zu den großen Anbietern.

In der Befragung waren beide hier angesprochenen Unternehmenstypen vertreten: Zu den Teilnehmern gehörten 13 Einzelhändler mit hohem Eigenmarkenanteil in ihren Sortimenten und 7 Markenhersteller mit eigenem Handel. Mit Ausnahme von 6 Warenhaus- und Großmarktketten bieten alle Unternehmen fast ausschließlich Bekleidung an.

Die Studie deckt alle Marktsegmente ab:

- 7 Unternehmen sind dem preisorientierten / Discountsegment zuzurechnen,

- 4 dem qualitätsorientierten / Luxussegment,

- 3 dem trendorientierten / Young-Fashion-Segment,

- 6 der Teilnehmer sind in ihrem Nutzenangebot nicht vorrangig auf eine der Dimensionen Preis, Qualität oder Trend fokussiert.

Beschaffung im Bekleidungshandel: Die zentralen Thesen im Überblick

- **Eigenmarken werden wichtiger** für die Differenzierung von Einzelhändlern

- **Der Anteil der Direktbeschaffung nimmt zu**, und damit auch die Einflussmöglichkeiten auf den Stoffeinkauf als wesentlichen Kostenblock

- **Die Rangfolge der führenden Beschaffungsländer verschiebt sich**; China wird längerfristig an Attraktivität verlieren

- **Lieferanten und Intermediäre konsolidieren sich** – Kooperationsmodelle mit wenigen professionellen Partnern gewinnen an Bedeutung

- **Konsumenten fordern deutlicher ökologisch und gesellschaftlich verantwortungsvolles Verhalten ein**, und dies beeinflusst auch die Wahl der Transportmittel

- **Produktion und Vertrieb werden zunehmend nach dem Pull-Prinzip gesteuert**, um flexibel auf den Absatzmarkt reagieren zu können

- **Die Einkaufsfunktionen spezialisieren sich**; die Zusammenarbeit wird zunehmend in funktionsübergreifenden Teams strukturiert

- **Bei vielen Unternehmen wird eine Rundumerneuerung stattfinden**, da kleine, schrittweise Veränderungen nicht genügen

1 Neue Rolle für die Beschaffung: Aktive Gestaltung der Lieferkette

Viele Einzelhändler in der Bekleidungsbranche haben sich in den vergangenen Jahren neu erfunden. Früher wurde die Ware abgesetzt, die man eingekauft hatte – heute ist es umgekehrt: Die Händler versuchen zunehmend, genau das zu beschaffen, was sich gut verkauft. Überspitzt könnte man sagen: Früher wurde für die Regale beschafft, heute für die Kunden. Und da diese neben angemessenen Preisen auch Trendnähe und Qualität schätzen, reicht es nicht mehr aus, nur günstig einzukaufen. Wie die Kaufkriterien der Kunden dann im Rahmen der Beschaffungsentscheidungen gewichtet werden, hängt davon ab, worauf die eigenen Zielkunden den größten Wert legen – und wie sich der Händler positioniert hat oder positionieren will. In diesem Kapitel erfahren Sie Genaueres über dieses Spannungsfeld von Kosten, Zeit und Qualität, außerdem erläutern wir, warum eine klare Positionierung so wichtig ist und was sie für die Lieferkette bedeutet.

Paradigmenwechsel im Bekleidungshandel: Sourcing mit dem Kunden im Blick

Traditionell kauften Bekleidungseinzelhändler Waren ein, präsentierten sie so attraktiv wie möglich in den Läden und hofften dann darauf, dass Hemden und Hosen ihre Abnehmer finden würden. Doch wer heute noch so verfährt, geht unkalkulierbare Risiken ein:

Ware, die für die Regale eingekauft wird, bleibt zunehmend auch dort liegen. Hauptgrund ist ein Wandel in der Rolle des Kunden als Marktteilnehmer – er ist quasi zum Souverän avanciert. Anstatt zu kaufen, was man ihm vorsetzt, bestimmt der Kunde, was er kaufen und tragen will, und erwartet, dass man ihm genau das bietet. Diese Haltung kann er sich auch leisten, denn das Angebot, aus dem er wählen kann, ist fast grenzenlos. Dafür sorgen Discounter wie Aldi, Handelsketten wie C&A oder auch internationale, vertikal integrierte Anbieter wie Zara, die Mode für den eher kleinen Geldbeutel bereithalten. Gleichzeitig sind die Kunden flexibler geworden: Ihre Bindung an einzelne Marken nimmt ab – die Bereitschaft, heute eine Jacke bei kik zu erstehen und morgen ein Hemd von Armani, nimmt zu. Das hochpreisige Sakko zur Basic-Jeans zu kombinieren ist kein Stilbruch mehr, sondern Ausdruck der Individualität.

Drei Kundenerwartungen beim Bekleidungskauf

Generell gilt also: Jeder Kunde ist anders, jeder individuell. Und dennoch sind alle in gewisser Weise auch gleich, denn sie treffen ihre Kaufentscheidungen nach denselben drei Kriterien: Von Bekleidung erwarten sie, dass sie ihnen einen emotionalen Nutzen bietet, dass sie funktionell ist und ihren Qualitätsvorstellungen entspricht, und dass der Preis dafür in einem angemessenen Verhältnis zum gebotenen Nutzen steht. Diesen Erwartungen soll sowohl das Produktangebot selbst entsprechen als auch die Art und Weise seiner Präsentation – die Kunden erwarten also vom Handel auch Orientierungshilfen, um schnell zu den Produkten zu finden, die sie suchen.

Was bedeutet das alles für die drei Kundenerwartungen?

- *Emotionaler Nutzen:* Kunden betreten nur dann ein Geschäft, wenn sie sich in guten Händen und am richtigen Platz fühlen. Sprich: Markenimage und Einkaufsambiente müssen ihnen zusagen. Für das Produktangebot wird sich der Kunde nur interessieren, wenn die Ware so präsentiert wird, dass sie ihm positiv auffällt – der „Hanger Appeal" muss stimmen. Drei Fragen sind dabei entscheidend:

- *Modegrad:* Ist die Ware so unkonventionell und individuell, wie der Kunde wünscht?

- *Trendnähe:* Ist die Bekleidung so nah am Zeitgeist, wie es der Kunde erwartet?

- *Persönlicher Geschmack:* Sieht der Kunde im Styling des Produkts seine individuellen Wünsche erfüllt? Farben, Schnitte, Stoffe, Accessoires – die Anmutung der präsentierten Ware muss dem Konsumenten optisch signalisieren, dass er sich mit dem Kleidungsstück schmücken und wie gewünscht inszenieren kann.

- *Funktionalität/Qualität:* Erscheint das Kleidungsstück dem Kunden begehrenswert, nimmt er es näher in Augenschein und probiert es an: Fühlt es sich gut an? Sitzt es gut? Ist es gut verarbeitet? Wird es auch mehrere Waschgänge überstehen? Unter Umständen legt er zusätzlich Wert auf innovative Produkteigenschaften wie atmungsaktive Stoffe oder eine Hightech-Beschichtung.

- *Preis:* Stimmt nun noch der Preis der Ware – das heißt, steht er aus Sicht des Kunden in angemessenem Verhältnis zum gebotenen Nutzen –, dann wird aus dem Interessenten ein Käufer.

Viele Händler haben Ladenformate entwickelt, die das Bedürfnis der Kunden nach emotionalem Nutzen adressieren. Die individuellen Markenwerte werden dabei durch architektonische Gestaltungselemente, Beleuchtung und Farbgebung vermittelt, aber auch durch das Auftreten der Kundenberater und die Präsentation der Kollektion. Die Einkaufsatmosphäre wird so zu einem Image stützenden Merkmal. Edel anmutende Luxusgeschäfte markieren dabei das obere Ende der Wertigkeitsskala, zweckmäßige Outlet-Konzepte von Discountern das untere. Dazwischen gibt es viele Mischformen. Allen ist eines gemeinsam: Durch klare Ordnungssysteme führen sie die Kunden durch den Prozess der Kaufentscheidung, indem sie beispielsweise das Warenangebot nach Funktion und Konfektionsgrößen organisieren oder nach Marken und Themen.

Im Distanzhandel etabliert sich neben dem Katalogversand nun auch das Internet zunehmend als Vertriebskanal. Während es noch vor wenigen Jahren undenkbar erschien, Textilien im Web anzubieten und zu verkaufen, wird der Online-Handel inzwischen auch von den großen Anbietern ernst genommen. Abgerundet wird das Bild durch Teleshoppingsender wie HSE24 oder QVC, über die die Händler quasi zu den Zielkunden ins Wohnzimmer kommen.

Überhaupt haben sich die meisten Unternehmen der Bekleidungsbranche Kundenorientierung auf die Fahnen geschrieben. Doch leider bleibt es noch allzu oft beim Lippenbekenntnis. Denn bei genauerem Hinsehen scheint so mancher nach wie vor dem Grundsatz zu folgen: Produktion und Einkauf füllen die Regale, der Verkauf muss die Ware dann an den Mann und die Frau bringen. Der Kunde wird also im Grunde als letztes Glied der Kette behandelt – und nicht als der implizite „Auftraggeber", der er eigentlich ist.

Beschaffung erlangt strategische Bedeutung

Sieger im Wettbewerb kann nur sein, wer die Wünsche und Bedürfnisse des Kunden am treffendsten erfüllen kann. Es geht also nicht darum, nach einem Misserfolg die Abschriften zu begrenzen – sondern darum, möglichst sicherzustellen, dass Misserfolge gar nicht erst entstehen. Nur wenn aus Sicht der Kunden durchgängig die richtigen Produkte in der richtigen Qualität zur richtigen Zeit und zu einem angemessenen Preis am Point of Sale zur Verfügung stehen, sind hohe Umsätze möglich.

Das hat umfassende Konsequenzen für die Führung der Unternehmen: Die Beschaffung gewinnt eine ähnlich hohe Bedeutung wie die Absatzseite. Denn der Kampf um den Kunden wird nicht erst am Point of Sale entschieden, sondern zum großen Teil bereits in den Regionen, in denen die Einkäufer im Dienst des Endkunden aktiv werden. Gleichzeitig kristallisiert sich auch die gestalterische Rolle des Marketing stärker heraus: Wurde traditionell das Marketingbudget in erster Linie für „Feuerwehreinsätze" aufgewandt – sprich: um den Abverkauf von Ladenhütern mit kurzfristig angesetzten Aktionen anzukurbeln –, gilt es künftig, antizipierte Kundenwünsche viel stärker als bisher in die Sortiments- und Produktgestaltung einfließen zu lassen. Dabei kann das Marketing nicht nur als Sensor der Kundenwünsche fungieren, sondern auch dazu beitragen, dass diese erst geweckt und dann gelenkt werden.

Aber zurück zur Beschaffung. Damit sie ihre neue Rolle ausfüllen kann, sind drei Dinge wesentlich:

- Erstens eine *Veränderung des Fokus*: Orientierten sich gerade Einzelhändler bei der Beschaffung bislang primär an den Kosten, gilt es künftig, Entscheidungen mit Blick auf das Gesamtergebnis zu treffen.

- Zweitens die *klare, gezielte Positionierung*: Sie stellt sicher, dass Kundenerwartungen und Nutzenversprechen einander in jedem Sortimentsbereich entsprechen.

- Drittens der straffe *Durchgriff auf alle relevanten Stufen der Wertschöpfungskette*. Nur bei enger Steuerung ist es möglich, Kundenbedürfnisse passgenau und wirtschaftlich zu erfüllen.

Neue Maxime für die Beschaffung: Fokus auf Gewinn statt Kosten

Nach wie vor hat die Beschaffung einen erheblichen Beitrag zu niedrigen Gesamtkosten zu leisten. Bleibt dies jedoch der Hauptorientierungspunkt, können Unternehmen den Kundenbedürfnissen meist nicht adäquat entsprechen. Bei allen Beschaffungsentscheidungen muss folglich auch danach gefragt werden, wie sie sich auf den Umsatz auswirken – denn billig eingekaufte Ware, die niemand haben will, kommt den Anbieter letztlich teuer zu stehen. Die übergreifende Messgröße muss also der Gewinn sein.

Beeinflussen lässt sich die Umsatzseite indirekt durch Veränderung der Dimensionen Zeit und Qualität (Abbildung 1.1).

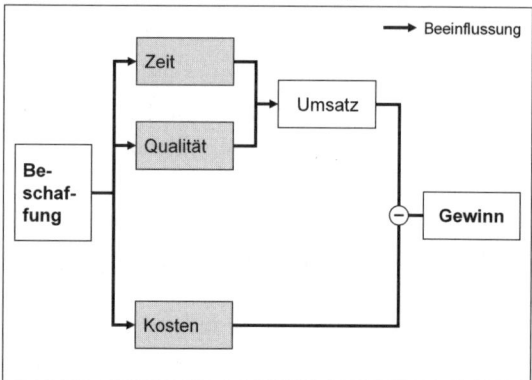

Abb. 1.1. Spannungsfeld der Beschaffung und Wirkung von Beschaffungs-entscheidungen

Wer seinen Kunden beispielsweise aktuelle Trends bieten will, muss schnell sein, und wer ihnen Qualität bieten will, muss selbst Qualität einkaufen. Was aber heißt das genau?

Qualität und Zeit als Umsatz-Einflussgrößen

In puncto *Qualität* hat ein Bekleidungsprodukt (dem Qualitätsbegriff der ISO 9000 folgend) ganz konkrete Anforderungen zu erfüllen. Zählen wir aus pragmatischen Gründen die vorne genannten emotionalen Aspekte hinzu, so denken Kunden bei Qualität vor allem an Materialgüte und Verarbeitung, Passform, Haltbarkeit, Neuigkeitswert und Modegrad. Letzterer bezeichnet die Außergewöhnlichkeit und Individualität des Produktdesigns und ist nicht mit der Trendnähe zu verwechseln: Eine lindgrüne ballonseidene Herrenhose mit gelben Nähten mag „modisch" sein, ist aber derzeit sicher nicht „trendig".

Die Beschaffung hat die vom Kunden geforderte Qualität sicherzustellen. Dabei sind objektive und subjektive Kriterien zu berücksichtigen: So muss beispielsweise ein Stoff nicht nur den Abriebtest bestehen, sondern auch den gewünschten „Look & Feel" bieten.

Die *Zeit* hat für die Modebranche eine ähnlich hohe Bedeutung wie für das Geschäft mit frischem Obst – denn die Ware ist gewissermaßen ebenfalls „verderblich". Kunden registrieren hier zum einen, wie trendnah die Kleidungsstücke sind – das heißt, wie sehr sie dem Zeitgeist oder sogar dem allerletzten Modeschrei entsprechen – und zum anderen natürlich, ob die Artikel im Laden verfügbar sind. All dies hängt davon ab, wie schnell und pünktlich die Ware ins Geschäft kommt. Für die Beschaffung übersetzt sich das in konkrete Ziele hinsichtlich Lieferzeit und -treue.

Die meisten Händler haben die Bedeutung des Faktors Zeit durchaus erkannt. Allerdings meinen viele, sie könnten schneller werden, ohne die Kosten nennenswert zu steigern. Doch Hochgeschwindigkeit gibt es nicht zum Nulltarif – eine Veränderung an einem Eckpunkt des Dreiecks Zeit-Kosten-Qualität wird fast immer Veränderungen an einem oder beiden anderen bewirken. Deshalb zieht sich die Frage, wie Unternehmen das Verhältnis zwischen den drei Zielgrößen Zeit, Kosten und Qualität für sich optimal ausbalancieren können, auch als roter Faden durch dieses Buch.

Quantitative Analyse nicht vernachlässigen

Die beschriebenen Herausforderungen zeigen: Beschaffungsmanagement ist keine triviale Aufgabe. Im Grunde ist sie Handwerk, Kunst und Wissenschaft zugleich: Die *handwerkliche* Komponente steht für die Routine, mit der man – basierend auf historischen Werten und aktuellen Beobachtungen – alltägliche Entscheidungen trifft und eine effiziente Abwicklung aller relevanten Prozesse sicherstellt. Die *Kunst* ist das Gefühl für die Ware, das Erkennen des Kundengeschmacks, das Aufspüren von Modetrends.

Die *Wissenschaft* schließlich besteht darin, wichtige Beschaffungsentscheidungen auch auf quantitative Analysen zu stützen. Diese Komponente kommt derzeit bei vielen Händlern noch zu kurz – häufig mit der Begründung, dafür stünden zu wenige Mitarbeiter und zu wenig Zeit zur Verfügung. Frappierender Beleg dafür: Bei einer Untersuchung vom März 2007 mit über 100 Top-Managern aus verschiedenen Einzelhandelssektoren musste die Frage „Haben Sie je analysiert, wie sich Kosten und Umsatz verändern, wenn Sie die

Lieferzeit Ihrer Produkte verringern würden?" von 67 Prozent der Befragten verneint werden.

Doch gerade der analytische Ansatz wird neben der Intuition immer wichtiger: Führt man sich vor Augen, wie rapide und umfassend sich die Kundenbedürfnisse heute verändern – während die Beschaffungs-märkte weltweit immer vielschichtiger und komplexer werden –, wird schnell klar, dass ohne mathematische Modelle und ausgeklü-gelte informationstechnische Instrumente ein dauerhaftes Bestehen in der Textilbranche kaum möglich ist.

Eine geeignete Messgröße für den Erfolg der Beschaffung (und gleichzeitig auch den von Merchandising und Design) ist die durch-schnittliche *Nettomarge* eines Bekleidungsprogramms. Als Mess-größe für den Gewinn berücksichtigt sie den durchschnittlich reali-sierten Verkaufspreis (regulärer Netto-VK minus durchschnittliche Abschrift), die Stückkosten (insbesondere Produkt- und Logistikkos-ten) sowie die zugerechneten stückzahlunabhängigen Kosten (wie insbesondere Verwaltungs- und Vertriebskosten).

Folgende weitere Kriterien werden für die Erfolgsmessung in der Be-schaffung häufig eingesetzt (jeweils im Vergleich mit der Vorperiode):

- Erlöse
  - Umsatzsteigerung (getrennt nach Menge und Preis)
  - Abschriftenreduktion
- Kosten
  - Senkung der Produktkosten
  - Senkung der Logistikkosten
  - Senkung der beschaffungsbezogenen Gemeinkosten
- Zeit
  - Reduktion der Lieferzeiten
  - Reduktion der Fehlmengen (beziehungsweise Erhöhung der Verfügbarkeit)

- Qualität

  − Steigerung der Produktqualität

  − Verminderung der Retouren.

Diese Kriterien sind allerdings nicht isoliert voneinander, sondern nur im Zusammenhang wirklich aussagekräftig. Sie sollten daher in einen händlerspezifischen Einkaufserfolgsindex einfließen, wobei sich ihre jeweilige Gewichtung aus den spezifischen Bedürfnissen der Zielkundengruppen ergeben sollte.

Nehmen wir etwa die Bedeutung der Fehlmengen: Grundsätzlich ist es natürlich positiv, wenn Kunden stets gut bestückte Regale vorfinden. Doch kann es beispielsweise für einen Luxusmarkenanbieter vorteilhaft sein, wenn er hier etwas differenzierter vorgeht. Dazu einer unserer Interviewpartner: „Bei modischen Jacken sind wir froh, wenn alle verkauft sind. Eine Kundin, die genau diese Jacke haben möchte, aber keine mehr vorfindet, ist zwar zunächst verärgert, aber beim nächsten Mal wird sie vier Wochen früher kommen, damit sie dann mehr Glück hat. Dann kauft sie, und alle sind zufrieden. Schlimm wäre es hingegen, wenn man der Kundin sagen müsste: ‚Schön, dass Sie sich für diese Jacke interessieren, ich habe noch 20 Stück in Ihrer Größe und bin froh, wenn wieder eine verkauft ist.' Nur wenn die modischen Jacken wie warme Semmeln weggehen, sind sie aus Sicht der Kundinnen attraktiv."

Voraussetzung für Markterfolg: Beschaffungsziele an Zielkundenbedürfnissen orientieren

Abhängig davon, welche Zielkunden mit welchen besonderen Bedürfnissen in puncto Trendnähe, Verkaufspreis und Qualität ein Händler für seine Produkte gewinnen will (sprich: wie er seine jeweilige Marke positioniert), werden die Faktoren Qualität, Kosten und Zeit für seine Beschaffung unterschiedliche Bedeutung haben, und zwar sowohl für sein Gesamtangebot als auch (eine Ebene tiefer) für die verschiedenen Teilsortimente. Aus diesen unterschiedlichen Zielsystemen ergeben sich wiederum klare Anforderungen an die Lieferkette.

Erste Ebene: Markenpositionierung

Wer einen hohen Umsatz erwirtschaften will, muss seine Zielkunden sehr genau kennen. Er muss wissen, welche besonderen Wünsche sie haben und welche Anforderungen sie an sein Sortiment stellen. Daraus ergibt sich der Rahmen für die strategische Positionierung des Händlers. Wer sich klar und differenziert positioniert, hat von Haus aus Vorteile, die operative Schwächen kompensieren können. Und wer es dann noch schafft, die klare Positionierung mit exzellenter operativer Abwicklung zu verbinden, kann Weltklasseniveau erreichen.

Auf der Ebene der Marken – ob Dachmarken, Händlermarken, Handels- oder Herstellermarken – kann man sehr grob vier Kategorien unterscheiden:

- *Discountmarken* sprechen Kunden an, für die in erster Linie der Preis zählt.

- *Luxusmarken* wollen den Kunden vor allem überdurchschnittliche Qualität und ein besonderes Image bieten. Der Kunde kauft neben dem physischen Produkt auch ein besonderes Lebensgefühl.

- *Young Fashion* wendet sich an meist junge Zielkunden, für die die Bekleidungsprodukte dem Zeitgeist entsprechen und somit trendnah sein müssen.

- *Traditionell* nennen wir den Markenauftritt, der sich nicht schwerpunktmäßig einer der drei oben genannten Kategorien zuordnen lässt: Hier will der Händler seinen Kunden eine spezifische Kombination aus Trendnähe, Preisniveau und Qualität bieten.

Zu jeder der vier Kategorien finden Sie am Ende des Kapitels ein ausführliches Fallbeispiel aus unserer Interviewreihe.

Einer unserer Interviewpartner, ein europäischer Markenanbieter im Young-Fashion-Segment, brachte den Wert eines klaren Profils auf den Punkt: „Wir beobachten immer wieder, dass selbst in schrumpfenden Märkten die besten drei oder fünf Anbieter aufgrund ihrer sehr klaren Positionierung stark wachsen – und das in jedem Handelssektor."

Zweite Ebene: Teilsortimente

Die Teilsortimente, die jeweils spezifische Kundenbedürfnisse ansprechen, lassen sich wie folgt differenzieren:

- *Kollektionen:* Bei diesen thematisch und saisonal ausgerichteten Kernsortimenten steht tendenziell die Qualität im Hauptfokus des Kundeninteresses. Typisches Beispiel wäre die Daunenjacke für den kommenden Winter.

- *Fast-Fashion-Produkte:* Mit Bekleidungsstücken dieser Kategorie – auch „Flashes" genannt – versuchen Händler, vorrangig das Bedürfnis der Kunden nach Trendnähe zu bedienen. In diese Kategorie gehört beispielsweise die Jeans, die Shakira im neuesten Videoclip trägt und die sich durch einen ausgefallenen Schnitt und eine spezielle Waschung auszeichnet.

- *Promotion-Artikel:* Diese Ware wird anlassbezogen angeboten (Beispiel: T-Shirt zur Fußball-EM 2008 in den Landesfarben der Gastgeber Schweiz und Österreich). Wichtig sind für diese Aktionen die termingerechte Verfügbarkeit und relativ günstige Preise.

- *Basics* (auch „Never out of Stock"-Produkte / NOS genannt): Dies sind Standardartikel, die im Laden stets verfügbar sein müssen – je nach Anbieter beispielsweise dunkelblaue Poloshirts, weiße Oberhemden oder Unterwäsche. Kunden erwarten auch hier neben der Verfügbarkeit einen vergleichsweise günstigen Preis.

Was Kunden von einem konkreten Bekleidungsartikel erwarten, ergibt sich also einerseits aus der Gesamtpositionierung des Händlers beziehungsweise seiner spezifischen Marke und dem damit verbundenen Leistungsversprechen, andererseits aus der Zugehörigkeit des Artikels zu einem spezifischen Teilsortiment. So rechnen sie beispielsweise im Teilsortiment Fast Fashion bei einer Premiummarke mit einem weit höheren Preisniveau als bei einem Young-Fashion-Anbieter. Und im NOS-Angebot eines Discounters erwarten sie eine geringere Trendnähe als in der saisonalen Kollektion des gleichen Shops.

Klare Anforderungen an die Lieferkette

Aus der Positionierung von Marken und der Zugehörigkeit eines bestimmten Produktprogramms zu Teilsortimenten lässt sich ableiten, welche Priorität den Zieldimensionen Kosten, Zeit und Qualität in der Beschaffung dieses Programms zugemessen werden sollte (Abbildung 1.2).

So sollte beispielsweise ein Luxusmarkenanbieter seine weißen Business-Hemden ebenso zuverlässig im Laden haben wie ein Dis-

Positionierung der Marke	Teilsortiment			
	Kollektionen/ Themen (Qualitätsfokus)	Fast Fashion/ Flashes (Zeitfokus)	Aktionen/ Promotions (Kosten-/ Zeitfokus)	NOS/Basics (Kosten-/ Zeitfokus)
Discount (Kostenfokus)	• Kosten • (Qualität)	• Kosten • (Zeit*)	• Kosten • Zeit**	• Kosten • Zeit**
Luxus (Qualitätsfokus)	• Qualität • (Zeit*)	• Zeit* • Qualität	• Zeit** • Qualität	• Zeit** • Qualität
Young Fashion (Zeitfokus)	• Zeit* • (Qualität)	• Zeit*	• Kosten • Zeit**	• Kosten • Zeit**
Traditionell (Fokus mehrdimensional)	• Individuell, v.a. Qualität	• Individuell, v.a. Zeit*	• Individuell, v.a. – Kosten – Zeit**	• Individuell, v.a. – Kosten – Zeit**

* Lieferzeit
** Liefertreue/-genauigkeit

Abb. 1.2. Vorrangige Zieldimensionen für die Beschaffung nach Markenpositionierung und Teilsortiment

counter, aber er muss dabei weniger auf die Kosten achten – denn seine Zielkunden sind ja bereit, tiefer in die Tasche zu greifen.

Entsprechend den unterschiedlichen Beschaffungszielen und -prioritäten wird die Lieferkette bei jedem einzelnen Anbieter unterschiedliche Anforderungen erfüllen müssen. Sie können an dieser Stelle nicht für jede denkbare Konstellation erschöpfend beschrieben werden; wir wollen daher lediglich für die vier grundlegenden Teilsortimente Trendaussagen treffen, die je nach Anbietertyp wieder unterschiedlich zu interpretieren sind:

- Bei den *Kollektionen* – dem Hauptsortiment, welches das Erscheinungsbild der Marke prägt – muss sich die Wertschöpfungskette an der übergreifenden Positionierung des Unternehmens beziehungsweise der Marke orientieren. Es ist also individuell zu gewichten, welche Priorität Qualität, Kosten und Zeit haben müssen. In aller Regel wird ein Unternehmen anstreben, seinen Kunden gerade bei der Themenware hohe Qualität zu bieten; allerdings wird jeder Anbieter seine spezifischen Vorstellungen von „hoher Qualität" haben und verfolgen.

- *Fast-Fashion-Produkte* brauchen eine Wertschöpfungskette mit kurzer Lieferzeit, damit Produkte möglichst direkt nach Aufkommen eines Trends in den Läden verfügbar sind. Natürlich muss diese Lieferkette beim Premiumanbieter im Detail wiederum andere Kriterien erfüllen als beim Discountanbieter.

- *Promotion-Artikel* müssen punktgenau am Point of Sale eintreffen und in der Regel kostengünstig sein. Hier ist also primär eine Lieferkette mit niedrigen Kosten und hoher Liefertreue gefordert. Was genau „niedrige Kosten" sind, wird jedes Unternehmen anders interpretieren.

- Bei *Basics* ist wichtig, dass die Produkte jederzeit am Point of Sale verfügbar sind – also hat auch hier die Liefertreue hohe Priorität. Zudem sollten die Kosten niedrig sein, wobei „niedrig" wiederum nach den Kriterien des betreffenden Anbieters zu definieren ist.

An diesen Rahmenvorgaben werden sich die Entscheidungen zur konkreten Ausgestaltung der Lieferkette in jeder Stufe orientieren: etwa, welche Leistungen das eigene Unternehmen erbringen soll und welche man an Dritte vergibt, wo beschafft wird, nach welchen Kriterien die Partner ausgewählt und gesteuert werden, wie die Logistik zu gestalten ist und vieles mehr. Ergebnis ist ein Beschaffungsprozess, der die bestmögliche Erfüllung der Kundenbedürfnisse zu vertretbaren Kosten sicherstellt. Unabdingbar dabei ist der *Durchgriff auf alle relevanten Stufen der Wertschöpfungskette.*

Mehr dazu in den folgenden Kapiteln.

Kundenbedürfnisse und Nutzenversprechen: Interviewpartner schildern ihre Praxis

EUROPÄISCHER MARKENHERSTELLER IM LUXUSSEGMENT

Premiumprodukte für Top-Kundinnen

Der Markenanbieter ist bei Damenoberbekleidung weltweit im Luxussegment positioniert. Entscheidendes Merkmal seiner Kollektionen ist Top-Qualität, verbunden mit einem hohen Modegrad und damit einer ausgeprägten Individualität der Kleidungsstücke. Auch häufige Sortimentsupdates sind ein wichtiges Element des Nutzenversprechens. Der Verkaufspreis ist für die zahlungskräftige Zielkundin von untergeordneter Bedeutung.

„Wir wenden uns vor allem an eine klassische Kundin. Sie hat in der Regel ein reiferes Alter erreicht – zumindest gilt das für Westeuropa; unsere Kundinnen in Russland sind deutlich jünger. Entsprechend haben wir zwei Kundinnentypen als Leitbilder definiert: zum einen den Typ ,Jackie O.' – diese Kundinnen sind etwas älter; zum zweiten den Typ ,Paris Hilton' – diese Kundinnen sind etwas jünger, aber daran gewöhnt, sich ihre Wünsche zu erfüllen; sie wollen vor allem auffallen und ihre Persönlichkeit zum Beispiel mit knalligen Farben unterstreichen.

Unsere Kundinnen sind also sehr anspruchsvoll und achten kaum auf den Preis. Daraus ergibt sich für uns folgende Preis- und Volumenstruktur:

- Haute Couture läuft bei uns sehr gut mit ca. 2.000 Teilen im Jahr. Die Preisspanne reicht hier von 3.000 Euro für etwas einfachere Produkte bis zu 15.000 Euro für Abendroben.

- Das Kernsortiment unterhalb der Haute Couture ist die Kollektion mit oberen, mittleren und unteren Preislagen, wobei wir den größten Umsatz mit Teilen der oberen und mittleren Preislage machen. Zu unserer Kollektion gehören beispielsweise Jeans mit Perlenstickereien für 2.000 Euro ebenso wie Jeans, die etwa 180 Euro kosten, und T-Shirts für 100 Euro.

- Unterhalb der Kollektion kommen die Basics, die 10 Prozent des Umsatzes ausmachen.

Die allerhöchsten Ansprüche stellen unsere Kundinnen an die Qualität. Die Haptik des Stoffes ist entscheidend – jede Kundin fühlt sofort, dass wir Teile aus absoluten Luxusstoffen anbieten. Sehr wichtig ist zudem, dass alle Kleidungsstücke so hervorragend verarbeitet sind, dass wir auch die anspruchsvollste Kundin nicht enttäuschen. Außerdem achten wir darauf, dass die Passformen perfekt sind. Innovative Stoffe sind uns ebenfalls wichtig, aber wir sind keine Trendsetter. Den größten Wert legen wir auf die Individualität unserer Produkte.

Wir bieten jedes Jahr vier Kollektionen – zwei große für Sommer und Winter und zwei kleine für Frühling und Herbst. Damit unsere Kundinnen aber mindestens einmal im Monat etwas Neues bei uns finden, umfasst jede Kollektion vier bis acht ‚Color Stories'. Diese werden nacheinander ausgeliefert, und zwar jeweils weltweit an den gleichen Terminen. Wenn wir viele Color Stories anbieten wollen, wird mitunter alle zwei Wochen ausgeliefert. Insgesamt werden unsere Läden also 20- bis 25-mal pro Jahr beliefert. Die Abverkaufsdauer liegt bei drei bis fünf Wochen; zwei Color Stories sind somit immer parallel in jedem Laden. Die Color Stories unterscheiden sich meist auch in Bezug auf Stoffe und Schnitte. Eigentlich bieten wir also mehr als vier Kollektionen. Jede Kollektion steht jedoch für eine übergreifende Idee, damit die Kundin Teile verschiedener Color Stories kombinieren kann – alles muss zusammenpassen.

Neben den Color Stories bieten wir noch Essentials beziehungsweise Basics an. Dazu gehören T-Shirts, Blusen, Jeans, Baumwollhosen oder auch Standardjacken. Die Essentials werden wie die Kollektionen viermal im Jahr erneuert, wobei die Stoffqualitäten der jeweiligen Jahreszeit entsprechen. All-Time-Basics für das ganze Jahr haben wir also nicht."

EUROPÄISCHER MARKENHERSTELLER IM YOUNG-FASHION-SEGMENT

Young Fashion mit Profil

Der europäische Markenhersteller bietet weltweit Young-Fashion-Produkte für Frauen, Männer und Kinder an. Seine Kunden interessieren sich vor allem für ein gutes Preis-Leistungs-Verhältnis; er bietet hohe Qualität zu Preisen, die nur etwas über denen der direkten Wettbewerber liegen. Das Unternehmen legt auch Wert darauf, seinen Kunden permanent neue Ware zu bieten, ohne jedoch ausgeprägt modisch oder allzu trendnah zu sein.

„Ein klarer strategischer Fokus – welche Endverbraucher möchte ich bedienen? – ist essenziell. Wir arbeiten dabei allerdings ungern mit definierten Altersgruppen, da Alter immer mehr Einstellungssache ist. Wir bedienen Kunden zwischen 15 und 55 Jahren. Die Kundenbedürfnisse werden bei uns sehr detailliert analysiert, und auch mit der Rückschau befassen wir uns sehr intensiv. Generell aber kann man in diesem Geschäft nicht ohne Bauchentscheidungen auskommen. Man braucht das richtige Händchen, guten Geschmack, die Auswahl des richtigen Fotografen und so weiter. Style-Entscheidungen sind oft nicht analytisch zu begründen.

Bei uns sind die Produkte in unterschiedliche Preissegmente aufgeteilt. Und jede Produktkategorie ist nach Modegrad unterteilt. Den Modegrad messen wir anhand subjektiver Kriterien, basierend auf unserer Erfahrung und Zielgruppenkenntnis. Es erfolgt also eine systematische Einteilung der Produkte. So kann man sehen, wie ausbalanciert das Angebot ist, und hat damit eine Kontrollmöglichkeit. Außerdem ist uns konsistente Qualität bei gutem Preis-Leistungs-Verhältnis wichtig.

Was die Trendnähe angeht, sehen wir uns in der Mitte des Marktes. Alle Trends bergen die Gefahr, zum Mainstream und somit langweilig zu werden. Wir wollen natürlich für unsere Zielgruppen immer begehrenswert sein, aber nicht so weit weg, dass gar keine Identifikation mehr da ist. Was sie erwarten, was also trend- und volumenfähig ist, das definiert der Zeitgeist.

Unser Kunde soll häufiger Grund haben, den Laden zu besuchen; das ist fast so wie im Fresh Flower Business. Wir haben monatlich einen neuen Look im Laden und steuern die Auslieferung daher in vielen Zyklen. Aber Hot-Seller sind mitunter schon nach drei Tagen weg."

EUROPÄISCHER EINZELHÄNDLER IM DISCOUNTSEGMENT

Günstig und gut

Der Anbieter konzentriert sich auf das Discountsegment für Damen-, Herren- und Kinderbekleidung. Die Produktqualität ist höher als die der direkten Wettbewerber, ungefähr auf dem Niveau der günstigsten Young-Fashion-Anbieter. Die Trendnähe der Produkte spielt keine Rolle, obwohl sie etwas modischer sind als die der direkten Wettbewerber. Kaum relevant ist auch die Frequenz, mit der das Sortiment aktualisiert wird.

„Unsere Kunden erwarten von uns vor allem niedrige Preise. Die Hälfte des Umsatzes machen wir zwar mit Damenoberbekleidung, doch sorgen unsere Kundinnen insgesamt sogar für zwei Drittel des Umsatzes, denn sie kaufen bei uns auch für ihre Männer und Kinder ein. Im Schnitt gibt jeder Kunde 60 Euro pro Monat bei uns aus.

Unsere Preise liegen zwischen denen der günstigsten Discounter und denen von H&M oder C&A. Die Qualität unserer Produkte ist nach unserer Einschätzung besser als die Produktqualität bei den typischen Young-Fashion-Unternehmen.

Der Modegrad unserer Ware ist höher als bei den günstigsten Discountern und geringer als bei H&M oder C&A. 50 Prozent der Damenoberbekleidung, 70 Prozent der Herrenkonfektion und 60 Prozent der Kinderkonfektion liegen im Basic- oder Modern-Basic-Segment. Der Rest entfällt jeweils auf das Fashion-Segment.

Kunden kommen im Schnitt alle sechs Wochen zu uns; was sie kaufen, richtet sich nach ihrem aktuellen Bedarf. Die Kollektion wechselt etwa fünfmal im Jahr. Bei der Damenoberbekleidung ändert sich der Trend schneller und damit das Sortiment alle sechs Wochen. Bei der Herrenkollektion sind nur die Modeartikel – das sind Mitnahmeartikel, die überwiegend von Frauen eingekauft werden – alle sechs Wochen neu. Die durchschnittliche Umschlagshäufigkeit im Lager liegt bei 4,6 Wechseln pro Jahr, das Lager der Herrenkonfektion schlägt etwa dreimal im Jahr um. Der Zeitraum von der ersten Idee bis zur Auslieferung in unsere Läden beträgt bei den Basic-Farben bis zu elf Monate und bei den Modefarben 90 Tage. Für uns als Discounter würden sich kürzere Lieferzeiten auch nicht auf den Umsatz auswirken."

NORDAMERIKANISCHE WARENHAUSKETTE

In der Mitte des Marktes

Die US-Kette bietet ein umfassendes Sortiment für Frauen, Männer und Kinder. Je nach Eigenmarke liegt die Produktqualität, und folglich das Preisniveau, in der Mitte des Gesamtmarktes oder etwas darunter. Das Gleiche gilt für den Modegrad der Produkte, ihre Trendnähe und die Frequenz der Sortimentsupdates.

„Wir sprechen eine sehr breite Käuferschicht an. Typischerweise haben unsere Kunden ‚too little time, too little money and two little kids'. Wir können davon ausgehen, dass die Familien, an die wir uns wenden, immer Geld für die Bekleidung ihrer Kinder ausgeben. Zudem kaufen unsere Kunden – es sind vor allem Frauen – Kleidungsstücke nicht nur für sich selbst, sondern auch für ihren Ehepartner oder andere Bekannte und Verwandte ein.

Als Warenhaus wollen wir mehr anbieten als die spezialisierten Einzelhändler. Unsere Artikel decken deshalb alle Lebensbereiche ab: Wir bieten Kleidung fürs Büro und Casuals genauso wie Heimtextilien oder Sportbekleidung. Dabei sprechen wir drei Kundentypen an. Typ 1 ist in der Regel jünger, schicker und will vor allem auffallen. Für Typ 2, die eher konservative, traditionelle Klientel, zählt in erster Linie Komfort – eine Hose beispielsweise sollte bequem, klassisch geschnitten und farblich dezent sein. Der Kundentyp 3 will gut aussehen und eher im Mainstream bleiben, hat aber auch kein Problem damit, verschiedene Bekleidungsstile miteinander zu kombinieren.

Lebensbereiche und Kundentypen bilden zusammen eine Matrix; wir sehen es als eine unserer wichtigsten Aufgaben, in jedem Feld passende Eigen- oder Fremdmarken anzubieten. Dabei machen Private Labels einen großen Teil unseres Bekleidungssortiments aus, Tendenz steigend. Unsere Strategie sieht vor, dass wir auf diese Weise weiter wachsen. Wir werden aber auch nationale Marken wie Levi's und Lee Jeans weiter führen, weil die Kunden diese Produkte einfach wünschen. Wir fragen uns allerdings, ob die nationalen Marken ihrer Positionierung auch in Zukunft treu bleiben. Levi's ist zum Beispiel eine alte, traditionsorientierte Marke – was wäre, wenn die auf einmal trendy würde? Das wäre für uns weniger günstig, wenn wir unsere Eigenmarken eigentlich etwas trendnäher gestalten wollten. Kurz gesagt: Es besteht immer die Gefahr, dass Fremd- und Eigenmarken einander ins Gehege kommen.

Unser Programm hat folgende Struktur gemäß der Fashion-Pyramide: An der Spitze haben wir einen kleinen Teil Fashion; hier spielt der Preis eine geringere Rolle. Zum Kernprogramm in der Mitte gehören z.B. Basic Chinos, also Freizeithosen aus Twill, und ein paar Denimteile; hier achten die Kunden sehr auf den Preis. Darunter liegen die Essentials; die entsprechenden Produkte wie Unterwäsche oder Poloshirts bieten wir das ganze Jahr über an. Unsere Kunden erwarten das, und auch, dass wir die Preise niedrig halten. Allerdings haben wir auch Produktlinien, die davon etwas abweichen. In jedem Bereich bieten wir separate und unterschiedlich profilierte Marken an."

2 Supply-Chain-Strategie: Wie viel Einfluss soll es sein?

Als Händler oder Markenhersteller kann man seine Ware auf unterschiedlichsten Wegen beschaffen – vom indirekten Einkauf, mit weitgehender Auslagerung der Verantwortung, über direkten Vollkauf bis hin zur Eigenfertigung. Mehr eigene Kontrolle heißt natürlich auch mehr Einfluss auf die Produktqualität und andere Faktoren. Andererseits wird der gesamte Einkaufsvorgang dadurch ungleich komplexer. Wann und was sollte man also outsourcen, was sollte man besser in eigener Hand behalten? Diese Fragen erfordern systematische Analyse und eine selektive Vorgehensweise. In diesem Kapitel geben wir Ihnen dafür Hilfestellungen an die Hand.

Wie viel Kontrolle behalten, wie viel abgeben – eine Entscheidung von großer Tragweite

In den letzten Jahren haben sich im Einzelhandel (vor allem für Herstellermarken) neue, effizientere Bewirtschaftungsformen herausgebildet, bei denen der Händler die gesamte Sortimentierung und Beschaffung dem Industriepartner oder Großhändler überlässt – man denke nur an Konzepte wie Shop-in-Shop, Concessions und Konsignationsprogramme. Bei den Eigenmarken hingegen sortimentiert und beschafft der Händler traditionell selbst. Dennoch sind auch hier mittlerweile viele Mischformen üblich, so etwa die innovativen Flächenbewirtschaftungmodelle des europäischen Einkaufsverbunds KATAG.

Die Frage ist nun: Welche Verantwortlichkeiten sollte man als Händler am besten selbst übernehmen, welche an andere übertragen – und nach welchen Kriterien? (Einen Überblick über die relevanten Teilprozesse der Sortimentierung und Beschaffung gibt Abbildung 2.1.) Bislang galt meist: Je stärker sich ein Handelsunternehmen über den Preis differenzierte, desto weniger war es in die Sortimentierung und die Teilprozesse der Beschaffung eingebunden. Noch heute wählen viele Discountformate ihr Produktangebot einfach aus den Kollektionen von Importeuren oder Produzenten. Der Einkauf besteht dann nur aus Selektion und Preisverhandlung (wie auch herkömmlicherweise beim Einkauf von Herstellermarkenprodukten durch Einzelhändler). Doch inzwischen haben auch die Discounter damit begonnen, in direktem Kontakt mit den Produzenten zu beschaffen. Nicht wenige haben dadurch erst erfahren, wer ihre Waren eigentlich produziert.

Am anderen Ende der Preisskala ist der Durchgriff auf die ganze Kette seit jeher von essenzieller Bedeutung, wie ein europäischer

Sortimentierung		Beschaffung				
Definition Sortiments-struktur	Definition Produkt-angebot	Definition Strategie Wertschöpfungskette	Länderwahl	Lieferanten- und Auftragsmanagement		Logistische Abwicklung
• Sortiments-gestaltung (Rahmen-plan etc.) • Trend-scouting • Themenfest-legung, d.h. Mottos, Farb-gebung	• Fashion Design • Technisches Design • Volumen-/ Zeitplanung	• Strategische Entschei-dung "eigene Einkaufsbü-ros ja/nein" • Festlegung Anforderun-gen an Wertschöp-fungskette • Auswahl grundsätz-liche Wert-schöpfungs-kette	• Strategi-sches Risi-komanage-ment Länder-portfolio • Strategische Gestaltung Netz der Ein-kaufsbüros • Bestimmung von Import-region und -land	• Strategisches Management Lieferanten-portfolio • Vorauswahl Lieferanten • Angebots-/ Musterein-holung • Muster-prüfung • Preis-/Kondi-tionenver-handlung	• Qualitätssi-cherung • Auftragsertei-lung • Prüfung finales Mus-ter • Freigabe Produktion • Produktion • Qualitätskon-trolle • Freigabe Auslieferung	• Lieferung/ Exekution – Transport/ Verschiffung – Zollabwick-lung – Lager-management – Verteilung in Filialen • Rechnungs-management
▶ Kein Fokus	▶ Kein Fokus	▶ Kapitel 2	▶ Kapitel 3	▶ Kapitel 4		▶ Kapitel 5
	• Festlegung Steuerlogik ▶ Kapitel 6					

Abb. 2.1. Teilprozesse der Sortimentierung und Beschaffung

Luxusmarkenanbieter erläutert: „Wenn man im Luxus-Business ist, muss man die ganze Supply Chain kontrollieren und darf nicht alles auslagern. Die einzigen Funktionen, die wir ausgelagert haben, sind Produktion und Logistik. Wir würden nie Kontrollfunktionen wie die Qualitätssicherung oder Lieferantenauswahl outsourcen. Nur so bleiben wir auf der sicheren Seite. Denn wir können nie genau wissen, welche Ziele unsere Partner haben und ob sie letzten Endes mit unseren Zielen übereinstimmen. Eventuelle Kosteneinsparungen interessieren uns in diesem Zusammenhang kaum."

Wir gehen im Folgenden davon aus, dass ein Handelsunternehmen – wie es für Eigenmarken gebräuchlich ist und damit auch an Relevanz gewinnt – seine Sortimentierung im eigenen Hause abwickelt. Der Prozess der Sortimentierung ist im Informationskasten erläutert, ebenso wie notwendige Überlegungen im Rahmen der In- / Outsourcing-Entscheidung beim Design.

Für den anschließenden Beschaffungsprozess sind damit vier grundsätzliche Fragen zu klären:

- Ist Eigen- oder Fremdfertigung vorzuziehen?

- Sollen die fremd gefertigten Volumina direkt eingekauft werden oder indirekt, also über Agenten und Importeure?

- Wählt man bei Direkteinkauf besser den Vollkauf- oder den CMT-Modus?

- Und schließlich: Wie verfährt man mit dem zentralen Thema Stoffeinkauf?

Die 20 Unternehmen aus unserer Umfrage – die ja bewusst erfolgreiche und große Branchenvertreter adressierte – sind zum Großteil bereits zum Direktkauf übergegangen. Dabei dominiert der Vollkauf; der CMT-Modus mit Stoffeinkauf auf eigene Rechnung ist vergleichsweise unüblich (Abbildung 2.2).

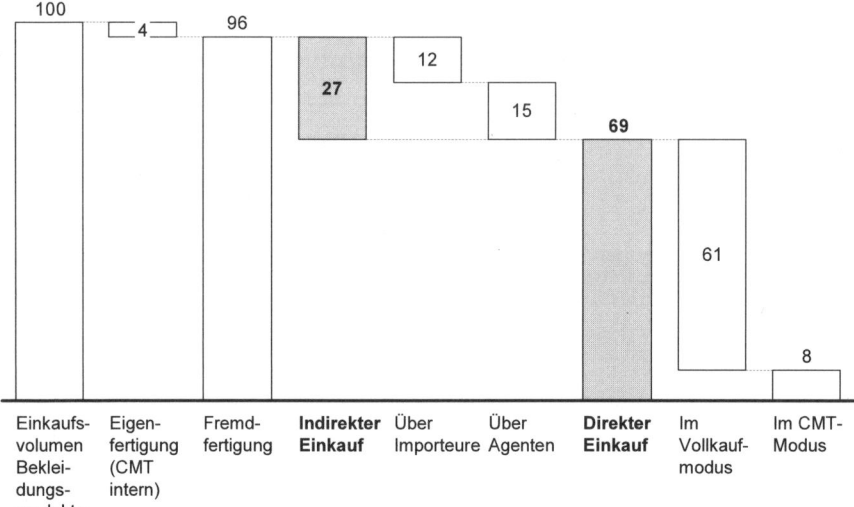

Abb. 2.2. Aufspaltung des Einkaufsvolumens auf Supply-Chain-Strategien (in Prozent des Einkaufsvolumens; Durchschnitt aus 18 Antworten)

Sortimentierung: Die Aufgaben im Einzelnen

A) Festlegung der Sortimentsstruktur: Welches Angebot – unter welchem Motto?

1. Erstellung des Rahmenplans. Hierbei wird das Sortiment u.a. unter folgenden Aspekten gestaltet:

- Angebotstypen / Teilsortimente: Welche Anteile haben Basics / NOS, Kollektionen / Themenware, Fast Fashion / Flashes und Promotions / Aktionen?

- Preisstruktur

- Modegradstruktur von Basics bis High Fashion

- Markenstruktur: Welchen Anteil sollen Herstellermarken, No-Name-Produkte und Handelsmarken einnehmen?

- Produktkategorien: Welche Anteile haben Hosen, Hemden, Pullover und so weiter? (Stichwort: Tops-Bottoms-Ratio)

- Demografische Zielgruppen: Welche Anteile entfallen auf Damen-, Herren- und Kindermode?

- Frequenz der Sortimentserneuerung

- Trageanlässe (z.B. Party, Business, Freizeit).

2. Trendscouting. Ziel des Trendscouting ist es, frühzeitig Veränderungen im Konsumverhalten der Zielkunden zu erkennen und gleichzeitig das Konkurrenzangebot im Auge zu behalten. So sollen neue Produktideen entstehen, die künftigen Kundenwünschen entsprechen und dabei der eigenen Differenzierung dienen.

3. Themenfestlegung. Die Themen der Kollektionen werden unter anderem auf Basis der Trendscouting-Ergebnisse festgelegt. Beispiele sind Mottos (wie „Island Dreams", „Football Fever" und dergleichen) sowie vorherrschende Farben und Finishings (wie etwa „Used Look"-Effekte).

B) Festlegung des Produktangebots: Welche Artikel – wann und wie viele?

1. Fashion Design. Stoffe, Schnitte und Farben werden definiert und Accessoires, wie Knöpfe oder Reißverschlüsse, festgelegt. Dabei ist das Ziel

- auf Kollektionsebene, gut kombinierbare Produkte und ein schlüssiges Gesamtbild zu schaffen,

- auf Produktebene, den Bekleidungsstücken einen anbieterspezifischen Charakter zu verleihen und den angestrebten Grad an Individualität und Unkonventionalität zu realisieren.

Die Auswahl der Stoffe erleichtert eine Stoffbibliothek, in der die zu verwendenden Stoffe (unternehmensweit) festgelegt werden. Designer und Einkäufer sollten die Stoffbibliothek gemeinsam definieren.

2. Produktspezifikation (technisches Design). Von jedem Produkt werden „Konstruktionszeichnungen" mit Maßangaben und Größensätzen angefertigt, und die zugehörigen Komponenten-Stücklisten werden erstellt. Auch wird hier die Mindestqualität (wie etwa Toleranzen für Schrumpfwerte) festgelegt; typischerweise im Rahmen einer Basisspezifikation, die nur in Einzelfällen angepasst wird.

3. Volumen- und Zeitplanung. Hierbei wird festgelegt, wie viel Stück je Modell, Farbe und Größe wann und in welcher Filiale benötigt werden.

Für Händler immer wichtiger: Eigenes Design

Für Händler wird mit wachsender Bedeutung des Eigenmarkengeschäfts eine stärkere Übernahme von Designaufgaben immer wichtiger. Wann kann es jedoch (ausnahmsweise) sinnvoll sein, das Design extern leisten zu lassen? Drei Kriterien sind ausschlaggebend:

1. Eigene Designkompetenz. Ob das interne Design oder dessen Auslagerung zu besseren Ergebnissen führt, hängt in erster Linie von der Erfahrung und Kompetenz der Designer je Teilsortiment ab. Ein preisorientierter, europäischer Händler sagte uns dazu: „Das Design machen wir nicht immer selbst, schon weil uns für bestimmte Teilsortimente die nötigen Fähigkeiten fehlen."

2. Bedeutung für Differenzierung. Dies ist vor allem für exklusive, markant positionierte Herstellermarken ein zentrales Thema – aber eben auch für diejenigen Eigenmarken, die scharf profiliert werden sollen. Händler sollten bei diesen ihre In-house-Designkompetenzen pflegen und weiter ausbauen. Doch selbst dort, wo Produktdesign ausgelagert wird, bleibt eine Aufgabe meist im eigenen Haus: die Entwicklung schlüssiger Kollektionskonzepte mit aufeinander abgestimmten Produkten, wie sie die Kunden in den Läden erwarten.

3. Benötigte Kapazität. Eine weitere Kernfrage ist: Lohnt es sich, die notwendigen Kapazitäten für internes Design aufzubauen? Ein preisorientierter europäischer Händler hat diese Frage für sich verneint: „Wir halten nur sehr begrenzte Designkapazitäten vor, und die vor allem im technischen Bereich. Gemessen am Umsatz wäre es für uns einfach zu teuer, mehr Ressourcen aufzubauen." Grob gesagt, halten sich jedoch Personalkosten und andere Aufwendungen für das interne Design in etwa die Waage mit den Ausgaben für externe Dienstleister. Häufig ist nicht „entweder-oder", sondern „sowohl-als-auch" die bessere Lösung, vor allem, wenn es um Schnelligkeit geht. Hier empfiehlt es sich, eigene Designkapazitäten und Lieferantenkapazitäten im Rahmen kollaborativer Arbeitsmodelle gemeinsam zu nutzen.

Produktion: Eigen- oder Fremdfertigung?

Von den 20 befragten Händlern fertigen immerhin fünf einen Teil ihres Produktangebots selbst. Doch wann ist eine Eigenfertigung überhaupt sinnvoll? Wie bei den meisten Outsourcing-Entscheidungen lautet die Faustregel auch hier: immer dann, wenn das Unternehmen ausreichende Kompetenzen und Kapazitäten aufweist, um „besser" zu produzieren als ein externer Partner. „Besser" heißt dabei wahlweise kosteneffizienter (auch unter Berücksichtigung des in Gebäuden und Anlagen gebundenen Kapitals), aber auch schneller, zuverlässiger und / oder qualitativ hochwertiger. Welcher Aspekt entscheidend ist, hängt wiederum vom Nutzenversprechen an die Zielkunden ab: Erwarten diese eher den niedrigen Preis oder die hohe Qualität? Oder kommt es vor allem auf trendige Produkte an? Oder ist die Verfügbarkeit im Laden ausschlaggebend?

Ein beeindruckendes Beispiel dafür, wie die Eigenfertigung zur Wettbewerbsstärke beitragen kann, liefert Inditex: Der spanische Anbieter hat Produkte seiner Marke Zara von Anfang an selbst produziert und sich so extreme Geschwindigkeits- und Flexibilitätsvorteile erschlossen. Heute fertigt das Unternehmen rund 50 Prozent seines Sortiments – vor allem die trendnahen Artikel – selbst.

Eigenfertigung bietet grundsätzlich die Möglichkeit, flexibel Kapazitäten einzusteuern, die am Markt nicht kosten-, zeit- oder qualitätsgerecht eingekauft werden können. Dieser Weg empfiehlt sich häufig solchen Unternehmen, die zum Großteil vom Replenishment-Geschäft leben und somit auf Flexibilität bei den Volumina angewiesen sind, damit die Ware jederzeit in den Regalen verfügbar ist. Aus offensichtlichen Gründen wird man diese Eigenfertigung dann auch in der Nähe des Absatzmarktes aufbauen.

Auch strategisch kann es wichtig sein, Fertigungs-Know-how – zumindest für differenzierungsrelevante Kernprodukte – im eigenen Haus vorzuhalten. Dies trifft in erster Linie auf Unternehmen zu, die hohe Qualität zu den Kernelementen ihres Nutzenversprechens zählen. Ein Markenhersteller im Luxussegment beispielsweise gab an, in seiner Fertigungsstätte stets mit den neuesten Maschinen zu arbeiten – teils sind dies sogar Prototypen der Maschinenhersteller. So hat das Unternehmen in Sachen Fertigungstechnologie stets die Nase vorn und kann auch seine Lieferanten entsprechend entwickeln. Unser Gesprächspartner brachte das so auf den Punkt: „Wir wollen eigenes industrielles Know-how und Produktwissen entwickeln und halten. So wollen wir sicherstellen, dass wir stets up to date sind und den Chinesen immer zwei Schritte voraus."

Die Eigenfertigung ist also in mancher Hinsicht vorteilhaft. Doch auch die Fremdfertigung bietet ihre Vorteile. Der wichtigste dürfte sein, dass die Möglichkeiten des Weltmarkts stets flexibel genutzt werden können; auch muss weniger Kapital in Gebäuden und Anlagen gebunden werden.

Ob sich ein Unternehmen nun für Eigen- oder Fremdfertigung entscheidet, wird wiederum von seiner strategischen Positionierung und dem fraglichen Teilsortiment abhängen.

- Gilt es, strategisches Know-how zu schützen? Das betrifft vor allem Luxusanbieter und solche Produkte, die ein Unternehmen gegenüber anderen abheben – in der Regel aus dem Teilsortiment Kollektionen.

- Kommt es vor allem auf Flexibilität an, weil das Replenishment strategisch wichtig ist? Dies wird in erster Linie auf Anbieter zutreffen, die ihr Geschäft hauptsächlich mit „Dauerbrennern" machen.

- Oder ist es wichtig, maximale Trendnähe (und folglich kurze Lieferzeiten) sicherzustellen? Das wird in der Regel bei Young-Fashion-Anbietern der Fall sein, für die dann auch das Teilsortiment Fast Fashion hohe Priorität hat.

In solchen Fällen kann Eigenfertigung zumindest für einen Teil der Produkte sinnvoll sein. Spielt hingegen der Preis die wesentliche Rolle, wie etwa für Discounter oder generell im Teilsortiment Promotions, wird man als Händler eher auf die Größen- und Spezialisierungsvorteile von reinen Produzenten bauen.

Einkauf: Direkt oder indirekt?

Dies ist die nächste Frage, die sich stellt, wenn man – wie fast immer der Fall – zumindest Teile des Sortiments fremdbezieht. Bei den nun folgenden Ausführungen unterstellen wir, dass die direkte Beschaffung mindestens ein Einkaufsbüro in der jeweiligen Beschaffungsregion erfordert und nicht komplett von der Zentrale aus gesteuert werden kann. Dies ist schon deshalb meist der Fall, weil die wesentlichen Absatzmärkte großer Anbieter nach wie vor in Nordamerika und Westeuropa liegen – die wichtigsten Beschaffungsmärkte aber in Asien.

Unter dieser Prämisse sprechen für den *Direkteinkauf* folgende Argumente:

- Man spart die Marge des Importeurs oder Agenten, die meist 4 bis 10 Prozent des Einkaufsvolumens beträgt. Auch wenn vereinbart wurde, den Margensatz degressiv zu gestalten – absolut gesehen steigt die Marge mit dem Volumen. Nicht selten geht es dabei um Zusatzkosten in zweistelliger Millionenhöhe. Damit dürfte das „Einsparen" von Intermediären für Discounter generell sowie für alle Händler in ihrem preisorientierten NOS-Sortiment besonders interessant sein.

- Direkteinkauf kann deutlich schneller und „reibungsärmer" sein – eine zusätzliche Schnittstelle hingegen macht die Abstimmungsprozesse aufwändiger und fehleranfälliger. Dies bringt Vorteile vor allem für Young-Fashion-Unternehmen und das „Flashes"-Sortiment aller Händlertypen.

- Das Handelsunternehmen hält direkten Kontakt zum Produzenten – was umso wichtiger wird, je komplexer die Produkte und je höher die entsprechenden Qualitätsanforderungen sind. Dies trifft vor allem auf die Kollektionen von Luxusanbietern zu. Zudem hat man bei direktem Kontakt die Möglichkeit, Compliance-Themen wie die Vermeidung von Kinderarbeit unmittelbarer zu beeinflussen.

- Direkteinkauf kann im Eigenmarkengeschäft Exklusivität sichern, auf die man bei Bezug über Importeure kaum zählen kann.

Unter bestimmten Umständen können aber auch gute Gründe für den indirekten Einkauf sprechen:

- Die Zusammenarbeit mit Agenten und Importeuren verschafft mitunter – trotz der zu bezahlenden Marge – Kostenvorteile. So kann man als Händler beispielsweise an der Erschließung neuer, kostengünstiger Beschaffungsmärkte teilhaben, ohne eigene Strukturen aufzubauen. Oder man kann von niedrigeren Einkaufspreisen profitieren, wenn der Intermediär die Volumina seiner Kunden bündelt und mit den Produzenten gute Preise aushandelt. Mitunter kann auch mit dem Importeur vereinbart werden, dass dieser zu viel eingekaufte Mengen zurücknimmt und so das Warenrisiko trägt.

- Oftmals können Händler von der Expertise der Intermediäre profitieren: Diese kennen häufig die Produktionsregionen genau, beherrschen die jeweilige Sprache, sind mit administrativen Anforderungen und lokalen Gebräuchen vertraut. Dadurch sind sie in der Lage, die Beschaffungskomplexität für Markenhersteller und Händler zu reduzieren. Auch die Spezialkenntnisse ausgewählter Intermediäre – vor allem in Produktbereichen, die außerhalb der eigenen Kernkompetenz liegen – kann man sich zunutze machen. Aufgrund ihrer besonderen Kenntnisse liefern externe Partner nicht selten wertvolle Ideen für neue Artikel.

- Durch die Auswahl aus fertigen („ready to sell") Kollektionen eines Importeurs spart der Händler neben (Design-)Kosten auch Zeit. Damit hat er die Möglichkeit, kurzfristig Lücken im Sortiment zu schließen – etwa, wenn ein Trend in der Kollektion oder bei den „Flashes" verpasst wurde. Ebenso gewährleisten Importeure ein schnelles Replenishment, sofern sie Lagerkapazitäten in den Absatzmärkten ihrer Kunden vorhalten. Und sollte es auf Produzentenseite zu Lieferengpässen (oder sonstigen unerwarteten Zwischenfällen, wie etwa politischen Krisen oder Naturkatastrophen) kommen, können Intermediäre meist schnell auf andere Produzenten ausweichen, da sie in der Regel ein großes, oft globales Netzwerk vorhalten.

Aus der Abwägung der jeweiligen Vorteile ergibt sich, in welchen Fällen die Zusammenarbeit mit Intermediären besonders lohnend ist: nämlich vor allem dann, wenn das eigene Einkaufsvolumen in einer Region eher gering ist oder wenn es sich um Nischen- oder hochkomplexe Produkte handelt, für die der Aufbau eigener Expertise (wie technisches Design) nicht lohnt. Oder eben wenn man selbst zu wenig mit dem Markt und dessen Sprache und Kultur vertraut ist. Gerade Letzteres kann sich allerdings schnell ändern, wie uns ein Interviewpartner aus den USA schilderte: „Früher waren Zwischenhändler für uns sehr hilfreich, um neue Märkte wie China zügig zu erschließen. Heute haben wir selbst alle Fähigkeiten, die erforderlich sind, um mit asiatischen Herstellern ins Geschäft zu kommen und zusammenzuarbeiten." Nicht zuletzt ist ein ganz anderer Aspekt zu beachten: Wer von Fall zu Fall mit Intermediären zusammenarbeitet, kann sie als Benchmark für die eigene globale Beschaffungsorganisation nutzen, um fit für den Wettbewerb zu bleiben.

Von den 20 befragten Unternehmen nutzen 75 Prozent beide Strategien – selektiv und je nach Anforderung der Teilsortimente (Abbildung 2.3).

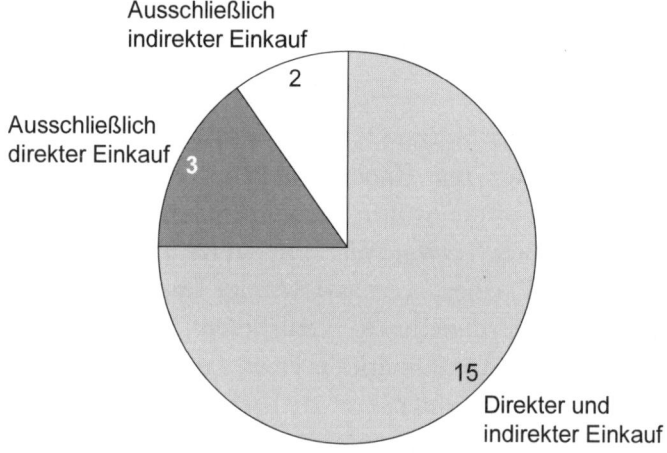

Abb. 2.3. Nutzung des direkten und indirekten Einkaufs (Anzahl der Unternehmen; insgesamt 20 Antworten)

Wer sich für Direct Sourcing entscheidet, wird meist mit wenigen einfachen, aber ökonomisch bedeutenden Produktkategorien beginnen und Zug um Zug komplexere Kategorien „nachschieben". Das könnten zum Beispiel die Produkte des NOS-/Basics-Sortiments sein. Erfolgskritisch ist bei dieser Strategie, dass man über die nötigen Kompetenzen und Kapazitäten verfügt (oder sich diese aneignet), um beispielsweise Lieferanten auszuwählen und dauerhaft zu managen. Eine Möglichkeit dazu ist der interne, „organische" Aufbau dieser Fähigkeiten, eine andere die Akquisition eines Agenten, um sich so das notwendige Know-how zu sichern. So übernahm der amerikanische Händler Target (damals noch unter anderem Namen) im Jahr 1998 den Agenten AMC (Associated Merchandising Corporation), der neben Target weiterhin auch andere Händler bedient.

Eine interessante Entwicklung ist das aktuelle „Verwischen" der Trennlinien zwischen Importeuren und Agenten: Importeure eröffnen Büros in den Beschaffungsmärkten, Agenten in den Absatzmärkten. Zudem treten auch Letztere heute immer häufiger als Komplettlieferanten anstatt als Anbieter selektiver Dienstleistungen auf.

Direct Sourcing: Vollkauf oder CMT?

Als nächstes stellt sich die Frage: Welchen Aufgabenumfang sollte ein Händler oder Markenhersteller im Fall des Direkteinkaufs dem Lieferanten überlassen? Beim CMT-Modus (CMT: Cut-Make-Trim) ist dies, wie der Name schon sagt, nur die eigentliche Herstellung des Endprodukts, während man Einkauf und Logistik des Stoffs und der weiteren „Zutaten" (Garn, Etiketten, Accessoires, Verpackung) auf eigene Rechnung vornimmt und selbst organisiert. Dem Fabrikanten des Bekleidungsprodukts wird der Stoff dann beigestellt. Beim Vollkauf hingegen werden dem Bekleidungsproduzenten in der Regel die genannten Stufen übertragen, eventuell auch Design und Fertigproduktlogistik.

Auch hier hat wieder jede der beiden Vorgehensweisen ihre spezifischen Vorteile. Beim *Vollkauf* sind es vor allem folgende:

- Man kann das Know-how und die Kapazitäten eines Lieferanten für Produktentwicklung, Stoffbeschaffung und Logistik nutzen.

- Arbeitet man mit vertikal integrierten Lieferanten, spart man (Transport-)Zeit, weil der Stoff und die Bekleidungsprodukte am gleichen Ort produziert werden.

- Die Kapitalkosten für das erforderliche Rohmaterial entfallen ebenso wie das Rohwarenrisiko.

Für den Einkauf im *CMT-Modus* (im Grunde also die Lohnfertigung) sprechen hingegen die folgenden Punkte:

- Weil die Wertschöpfungsschritte an verschiedene Partner übertragen werden, kann jeder Schritt für sich optimiert werden. So lassen sich mitunter enorme Kostenvorteile erschließen. Ein Beispiel dafür ist der Agent Li & Fung, der mehrere Tausend Lieferanten auf allen Wertschöpfungsstufen orchestriert.

- Qualitätsorientierte Handelsunternehmen und Markenhersteller müssen – vor allem bei ihren charakteristischen Kollektionen – die Stoffqualität im Griff haben und werden daher am besten direkt mit den „Mills" in Kontakt stehen. Dies gilt natürlich vor allem dann, wenn sie sich durch besondere Stoffe im Wettbewerb differenzieren. Allerdings kann man diese Möglichkeiten grundsätzlich auch im Vollkauf nutzen – siehe folgendes Unterkapitel.

- Wer nur den CMT-Prozess auslagert, bewahrt sein Know-how, unter anderem in der Beschaffung und der logistischen Abwicklung der Rohware. Dazu ein Händler aus dem Luxussegment: „Bei komplizierten Aufgaben, wenn es etwa um Kollektionen geht, darf nur der CMT-Prozess ausgelagert werden. Es verbietet sich, Kernteile des Sortiments (wie beispielsweise Großteile) ganz aus der Hand zu geben oder gar über Agenten zu beschaffen: Die Gefahr, dass wertvolles Know-how abfließt oder Produkte gefälscht werden, wäre einfach zu groß."

Natürlich braucht, wer sich für das CMT-Sourcing entscheidet, weit mehr Fähigkeiten und Kapazitäten im eigenen Unternehmen als im Fall der anderen Supply-Chain-Strategien. Ob sie in ausreichendem Maß vorhanden sind, ist für jedes Teilsortiment eingehend zu klären.

Geeignete Lieferanten für den CMT-Einkauf finden sich heute vor allem in Asien. Noch vor wenigen Jahren war Osteuropa der Hauptbeschaffungsmarkt: Die Löhne dort waren niedrig, und die Nähe zum Absatzmarkt erleichterte die Steuerung von der Zentrale aus. Zudem unterlag Osteuropa – im Gegensatz etwa zu China – keiner

Quotenregelung. Inzwischen aber verschiebt sich die CMT-Beschaffung mehr und mehr Richtung Ferner Osten: Dort ist das Lohnkostenniveau deutlich niedriger als in Osteuropa (vgl. auch Abbildung 3.8 im nächsten Kapitel), und es steigt zudem langsamer an. So stiegen zum Beispiel in Tschechien die Lohnkosten in der Produktion zwischen 2000 und 2005 um etwa 125 Prozent, in Rumänien sogar um 149 Prozent – China erreichte im gleichen Zeitraum „nur" 98 Prozent Steigerung, Indien 42 Prozent.

Hinzu kommt, dass auch asiatische Hersteller inzwischen schnelle Lieferung bieten können. Inzwischen halten sich die Gesamtlieferzeiten fast die Waage: Denn im einen Fall (CMT in Asien) muss das fertige Bekleidungsprodukt nach Europa transportiert werden, im anderen Fall (CMT in Osteuropa) der Stoff nach Osteuropa. Und der kommt eben auch immer häufiger aus Asien, wie ein weiterer Vergleich zeigt: Im genannten Fünfjahreszeitraum stieg in Osteuropa der Faserverbrauch durch Stoffproduzenten um 9 Prozent auf 9,8 Millionen Tonnen, in Asien hingegen um 67 Prozent auf satte 51 Millionen Tonnen (Quellen: Gherzi, PCI Fibres).

Stoffeinkauf: Beträchtliche Potenziale nicht nur im CMT-Modus

Markenhersteller und Händler, die im CMT-Modus beschaffen, nehmen den Stoffeinkauf in die eigene Hand. Aber auch bei Vollkauf gibt es durchaus wichtige Möglichkeiten der Einflussnahme – und diese kann sich in Form von erheblichen Zeit-, Kosten- und Qualitätsvorteilen auszahlen. Grundsätzlich sind drei Involvierungsgrade denkbar, zwischen denen man je nach Einkaufsvolumen (in der betreffenden Stoffart) sowie nach Bedeutung eines unmittelbaren Einflusses auf die Qualität wählen wird:

- *„Spezifizierter Stoff":* Hier werden lediglich die gewünschten physikalischen und chemischen Stoffeigenschaften und die jeweils erforderlichen Mindestprüfungen definiert. So kann beispielsweise für Leder (das mit vielen Schadstoffen belastet

sein kann) eine Testbibliothek angelegt werden, die der Be-
kleidungslieferant „abzuarbeiten" hat. Dieses Vorgehen empfiehlt sich für Unternehmen, deren Einkaufsvolumen eines bestimmten Stoffes geringer ist (und die folglich schlechtere Konditionen bei den Stoffproduzenten erhalten) als das entsprechende Einkaufsvolumen relevanter Vollkauflieferanten – immer vorausgesetzt, die Marke und das spezifische Teilsortiment
erfordern kein außerordentlich hohes Qualitätsniveau.

- *„Nominierte Stoffproduzenten":* Hier erhält der Bekleidungs-
  fabrikant klare Vorgaben, welche Materialnummer welches
  Stoffproduzenten er zu verwenden hat; unter Umständen lässt
  man ihm auch mehrere Alternativen zur Auswahl. Dieser Weg
  empfiehlt sich, wenn ein Händler einerseits ein relativ geringes
  Einkaufsvolumen, andererseits aber hohe Qualitätsanforderungen und / oder sehr spezifische Wünsche hat. Ein europäischer
  Luxusmarkenartikler sagte uns dazu: „Drei verschiedene Vor-
  lieferanten würden drei verschiedene Gewebe bedeuten. Deshalb gibt es bei uns für jeden Stoff nur einen nominierten Lieferanten." Ebenso kann Bekleidungslieferanten auch vorge-
  schrieben werden, von welchen auditierten Rohwarenlieferan-
  ten sie die einzunähenden Labels mit dem Markenlogo kaufen
  müssen. Dies ist auch deshalb wichtig, weil die Labels im Lauf
  der Zeit stetig modifiziert werden und sichergestellt sein muss,
  dass in alle Bekleidungsstücke die aktuellen Labels eingenäht
  werden. Auch aus Kostensicht gibt es Potenziale: Häufig kann
  man bei Nominierung von Stoffproduzenten von diesen im
  Gegenzug Kick-Back-Zahlungen erhalten.

- *„Verhandelter Preis für Stoff":* Hier kann der Bekleidungs-
  lieferant für einen konkreten Auftrag auf die Konditionen zurückgreifen, die der Händler mit dem Stoffproduzenten ausge-
  handelt hat. Dieses Vorgehen muss allerdings juristisch genau
  überprüft werden.

Der Trend geht aktuell stark in Richtung einer stärkeren Involvierung
des Händlers. Denn durch einen professionellen Stoffeinkauf lassen
sich immerhin 10 bis 30 Prozent der *Stoffkosten* einsparen, die ja,

wie bereits erwähnt, einen erheblichen Kostenblock darstellen (Abbildung 2.4); nicht selten machen sie die Hälfte der FOB-Kosten aus. Drei Ansätze zur Kostensenkung stehen im Vordergrund: Erstens kann man das Stoffvolumen pro Stofflieferant erhöhen; idealerweise durch Einrichten einer Stoffbibliothek, die unternehmensweite Standards setzt und somit größere Volumen pro Stofftyp schafft. Gegebenenfalls können auch mit anderen Händlern Joint Ventures geschlossen werden, um beim Stoffeinkauf die Einkaufsmacht zu steigern. Auf Basis dieser gebündelten Volumina kann man zweitens direkt mit den Stoffproduzenten verhandeln, und auf den Umweg über die Bekleidungslieferanten (mit ihren eventuell geringeren Einzelvolumina) verzichten. Und drittens kann auch eine antizyklische Beschaffung Kostenvorteile bringen, weil so Überkapazitäten der Stofflieferanten günstig „abgeschöpft" werden.

Auch die Vorteile für die *Beschaffungszeit* sind nicht zu unterschätzen. So beispielsweise, wenn man den Stoff in Rohweiß („Greige") einkauft und erst später färben lässt (*fabric dyeing*) oder die Färbung

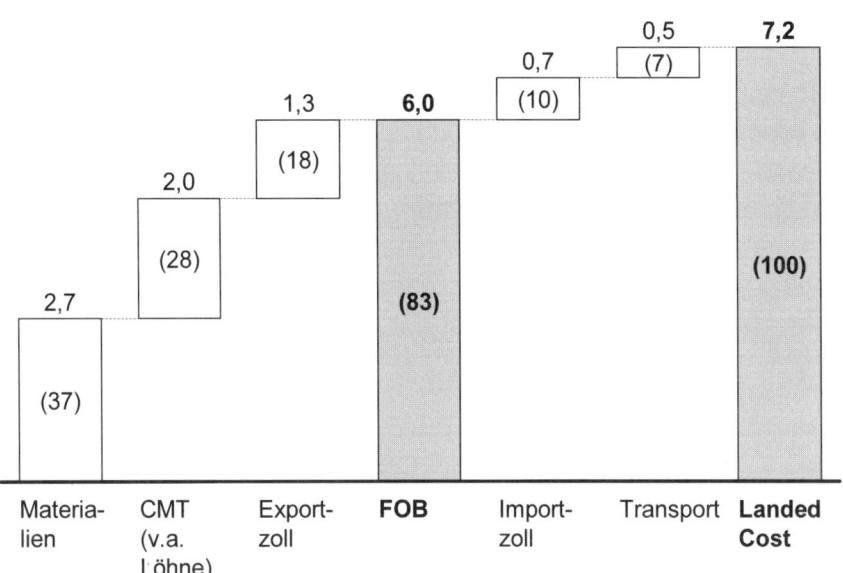

Abb. 2.4. Beispielhafte, vereinfachte Kostenstruktur für ein Damenoberteil (in EUR, in Prozent)

gar erst nach Verarbeitung des Stoffs zum fertigen Kleidungsstück vornimmt (*garment dyeing*). Letzteres empfiehlt sich vor allem dann, wenn eine spezifische Optik gewünscht ist und sowohl Stoff als auch Style das Verfahren zulassen; typischerweise ist das bei Freizeitmode wie Jeans der Fall. Weitere Zeitersparnisse sind möglich, wenn jährlich wiederkehrende Bedarfsmengen frühzeitig produziert und eventuell schon vor Vorliegen konkreter Aufträge eingefärbt werden.

Dass man bei professionellem Stoffeinkauf auch die *Qualität* besser im Griff hat, liegt auf der Hand. Hier spielt nicht zuletzt auch das zunehmende Kundeninteresse an Bio-Rohstoffen eine Rolle (Stichwort: „Green Cotton"). Wer sich hier als Vorreiter positionieren kann, dem winken zusätzliche Differenzierungschancen.

Bei der optimalen Gestaltung der Wertkettenstrategie sind also zahlreiche Details zu berücksichtigen; ausschlaggebend für die jeweils richtige Entscheidung sind die Positionierung und die Fähigkeiten des einzelnen Unternehmens. Als grobe Tendenzaussage aber lässt sich festhalten: Viele Unternehmen können – unter Sicherstellung der gewünschten Qualität – erhebliche Zeit- und Kostenvorteile erschließen, wenn sie die Kontrolle über die einzelnen Stufen ausbauen.

Supply-Chain-Strategie:
Interviewpartner schildern ihre Praxis

EUROPÄISCHER MARKENHERSTELLER IM YOUNG-FASHION-SEGMENT

Tempo über alles

Der europäische Markenanbieter überlässt den Stoffeinkauf zwar seinen Lieferanten, ist aber intensiv in den Prozess involviert und bestimmt die Konditionen maßgeblich mit. Seine Hauptmotivation dabei ist, hohe Liefersicherheit und Geschwindigkeit in der Lieferkette zu erzielen.

„Den Stoff für unsere Bekleidungsprodukte beschaffen zu 100 Prozent unsere Lieferanten. Aber wir bestimmen, welche Stoffproduzenten beauftragt werden – nämlich regional nur die besten –, und wir verhandeln selber mit ihnen die Landed-Cost-Preise. Der Bekleidungshersteller steigt dann in den verhandelten Kontrakt ein. Dadurch nehmen wir ihm den Organisationsstress ab. Und wir können unsere Stoffvolumina bei den Mills bündeln. Die erforderlichen Greige-Volumina blocken wir und garantieren oftmals die Abnahme. So stellen wir sicher, dass wir die Ware termingerecht erhalten und mit keinem Vollkauflieferanten böse Überraschungen erleben, weil er beispielsweise wegen Finanzproblemen den Stoffhersteller nicht bezahlen kann.

Schnell am Markt zu sein ist für uns sehr wichtig. Daher ergreifen wir gezielte Maßnahmen, um Lieferzeit zu sparen. Beispielsweise haben wir eine Stoffbibliothek mit 25 Basisstoffen, aus denen wir technisch je 20 Varianten ableiten können. Die Materialien wählen wir sehr sorgfältig aus; so kaufen wir etwa keinen bunt gewebten Stoff, sondern weichen auf optisch ähnliche Drucke oder Waschungen aus. Und außerdem arbeiten wir kontinuierlich mit unseren Materiallieferanten zusammen. Damit sparen wir Designzeit und Abstimmungsschleifen."

NORDAMERIKANISCHE WARENHAUSKETTE

Schritt für Schritt zum Direkteinkauf

Das Handelsunternehmen legt großen Wert auf zuverlässige Nachversorgung und setzt dabei vor allem auf Importeure. Bislang wird nur indirekt beschafft, doch künftig will man, um Kosten zu sparen, auch direkt einkaufen.

„Unsere Bekleidungsprodukte kaufen wir alle indirekt ein – 40 Prozent über hiesige Importeure, 60 Prozent über Li & Fung. Die Importeure haben dabei den Vorteil, dass sie hier in den USA Lagerkapazitäten haben und folglich ein reibungsloses Replenishment gewährleisten können. Außerdem werden wir von ihnen immer schnell mit aktueller Mode versorgt.

Das Thema Direkteinkauf steht trotzdem auf unserer Agenda ganz oben, denn wir können damit erstens über fünf Prozent unserer Kosten sparen, zweitens wird die Kommunikation mit den Fabriken effizienter und drittens können wir die Lieferanten selbst auswählen – damit haben wir eine viel bessere Kontrolle über Qualität und Compliance und können zudem das Produktdesign in gemeinsamen Teams entwickeln.

Bevor wir aber auf Direkteinkauf umstellen, müssen wir erst einmal den Kontakt zu den Produzenten verbessern. Ich möchte direkt von ihnen hören, welche Pläne sie haben. Auch müssen erst alle Systeme und Prozesse startklar sein, wenn wir direkt beschaffen wollen. Bis wir so weit sind, werden wir vorerst bei den Importeuren beziehungsweise Li & Fung bleiben.

Auch beim Stoffeinkauf wird sich einiges ändern. Momentan schreiben wir unseren Lieferanten noch nicht vor, welchen Stoff sie von welcher Mill kaufen sollen. Für die Zukunft haben wir das aber vor. Denn von den FOB-Kosten macht das Rohmaterial manchmal mehr als 50 Prozent aus – es geht nicht an, dass wir in dieses Thema nur ein Prozent unseres Arbeitsaufwands stecken. Zumal wir durch Bündelung von Einkaufsvolumina einiges einsparen könnten, denn wir verarbeiten zumindest bei Denim oder Twill sehr große Stoffmengen. Und bei den Flashes können wir sicher noch schneller werden, wenn wir stärker Greige-Positionen eingehen.

Womöglich werden wir ein eigenes Team einrichten, das Kompetenzen in der Stoffentwicklung und -produktion mitbringt, und dann mit den Mills direkt zusammenarbeiten.“

3 Auswahl der Beschaffungs- länder: Es muss nicht immer China sein

In welchen Ländern man seine Bekleidungsprodukte produzieren lässt, ist eine der zentralen Fragen innerhalb der Beschaffung. China steht für viele Unternehmen ganz oben auf der Liste, und dennoch ist es nicht für jeden Anbieter und jedes (Teil-)Sortiment das Nonplusultra. Auch andere Länder haben ihre Vorteile, die im Rahmen eines gut sortierten Länderportfolios genützt werden sollten. Flexibilität ist dabei wichtig, da sich die Rahmenbedingungen in den wesentlichen Beschaffungsländern ständig ändern.

In diesem Kapitel lesen Sie, nach welchen Kriterien Sie Ihr Länderportfolio gestalten sollten. Und wohin die Reise in Zukunft geht: China wird wohl vorerst das maßgebliche Beschaffungsland bleiben; mittel- bis langfristig aber wird sich das Bild ändern.

Rückblick: Bekleidungsbranche als Wegbereiter der globalen Wirtschaft

Werfen wir zunächst einen kurzen Blick auf die Entwicklung der globalen Textilwirtschaft. Besonders einschneidend war die Erfindung des mechanischen Webstuhls im Zuge der industriellen Revolution im 19. Jahrhundert: Nun konnte in viel kürzerer Zeit viel mehr produziert werden, und als Folge sank der Bedarf an menschlicher Arbeitskraft – in der Geschichte der Industrialisierung waren die

Weber die ersten, die gegen die Vernichtung ihrer Arbeitsplätze auf-
begehrten. Seither ist viel Zeit vergangen, doch das Prinzip gilt nach
wie vor: Ab einem bestimmten Lohnkostenniveau ist die Automatisierung, trotz aller Kapitalbindung, meist die überlegene Lösung.
Oder natürlich das Ausweichen auf Regionen mit niedrigeren Löh-
nen. Genau dies führte auch zum Sterben der rheinland-pfälzischen
Schuhindustrie in den 70er Jahren sowie dem der Textilindustrie auf
der Schwäbischen Alb und in Coesfeld in den 80ern. Ähnlich erging
es der Bekleidungsindustrie in Frankreich, England, Schweden und
Dänemark; Grund waren die niedrigeren Lohnkosten in Südeuropa.
Diese Entwicklung prägte die nationalen Wirtschaftsstrukturen dauerhaft, und damit natürlich auch die Einkaufsprozesse der Textilunternehmen.

Stetige Suche nach neuen Beschaffungsmärkten

Bis zum Umbruch kauften viele deutsche Textileinzelhändler ihre
Ware nach Produktkategorien im Heimatmarkt ein. Filialisierte Unternehmen bildeten Einkaufsteams, denen Filialgeschäftsführer oder
besonders befähigte Abteilungsleiter angehörten. Durch die Lohn-
kostenvorteile im Ausland mussten sich die Einkaufsteams neue Beschaffungsmärkte suchen oder bestehende weiter erschließen. Die
damit einhergehenden Reisekosten, Sprachbarrieren, Logistikprozesse und anderes mehr machten eine Zentralisierung der Einkaufsprozesse unumgänglich.

Noch heute sind viele Unternehmen damit überfordert: Für einen
zentral gesteuerten Einkauf brauchen sie komplexe IT-Systeme, und
nicht alle sind in der Lage, diese Systeme aus eigener Kraft zu kon-
zipieren und zu managen. Aus diesem Grund etablierten sich damals
auch die ersten Importeure und Agenten im Markt, die halfen, die
gestiegene Komplexität zu meistern.

Nach dem Boom der Schuh- und Bekleidungsindustrie in Südeuropa
zog die „Karawane" jedoch schon Mitte der 1980er Jahre weiter –
jetzt ging es nach Taiwan, China und Indien. Und wegen der Anti-

dumping-Verfahren gegen China wurden schnell auch Länder wie Vietnam, Bangladesch, Pakistan und Indonesien interessant.

Der kurze Blick zurück zeigt uns auch, dass die Bekleidungsindustrie ein Vorreiter globaler Produktions- und Handelsprozesse ist. Auch heute erlaubt es die relativ geringe Komplexität der textilwirtschaftlichen Fertigungsprozesse, gering qualifizierte Arbeitskräfte zu beschäftigen. Wenn die Lohnkosten für diese Arbeitskräfte sehr niedrig sind, besteht nur geringer Automatisierungsdruck. Die Textilindustrie kann also, stärker als andere Branchen, viele Menschen in Entwicklungsländern in Lohn und Brot bringen, den gesamtwirtschaftlichen Wohlstand signifikant steigern und damit die Ausbildungsqualität der Menschen deutlich verbessern. Für so manches Land war dies der erste wirkliche Schritt nach vorn. Damit bereitet die Textilindustrie auch den Boden für andere Branchen mit komplexeren Fertigungstechniken und Dienstleistungen, die höher qualifizierte Arbeitskräfte benötigen. Doch solche Tätigkeiten müssen dann auch besser bezahlt werden.

Bisher gelang es der Textilindustrie stets, immer neue Regionen zu finden, in denen aufgrund niedriger Arbeitskosten günstiger produziert werden kann, als es eine weitgehende Automatisierung in den bislang genutzten Beschaffungsmärkten erlauben würde. Die Vorhut bildet dabei oft die Produktion von Kinderbekleidung: Hier ist der Lohnkostenanteil an den Produktkosten besonders hoch, weil bei gleicher Fertigungskomplexität relativ wenig Stoff verbraucht wird. Zudem liegt das Verkaufspreisniveau von Kinderbekleidung deutlich unter dem von Artikeln für Erwachsene. Deshalb waren die Lohnkosten im Bekleidungsgeschäft für Kinder schon immer einem besonders hohen Druck ausgesetzt. Und weil Trendnähe bei Kinderbekleidung in der Regel kaum eine Rolle spielt, sind lange Lieferzeiten aus entfernt liegenden Low-Cost Countries unproblematisch. Ein südamerikanischer Händler sagte uns dazu: „In China ist Arbeit ausgesprochen billig. Wenn ich Kinderbekleidung zu Hause fertige, kostet mich der Stoff rund ein Drittel, die Arbeitskraft zwei Drittel – in China ist das Verhältnis aber eins zu eins. Es ist sinnlos, hier mit China konkurrieren zu wollen.“

Auf der Suche nach optimalen Lösungen entstehen kosteneffiziente Arbeitsteilungen auf internationaler Ebene, selbst bei „einfachen" Produkten wie Schuhen: Hier kommt das Leder aus Südamerika, die Oberteile werden in Indien hergestellt, die Sohlen in Indonesien oder China, und zusammengefügt werden die Bestandteile dann in Italien – um anschließend mit dem Label „Made in Italy" verkauft zu werden.

Asien ganz vorne

Unter den Beschaffungsmärkten für Textilien nimmt China nach wie vor den ersten Platz ein, sowohl für nordamerikanische als auch für europäische Firmen (Abbildungen 3.1 und 3.2).

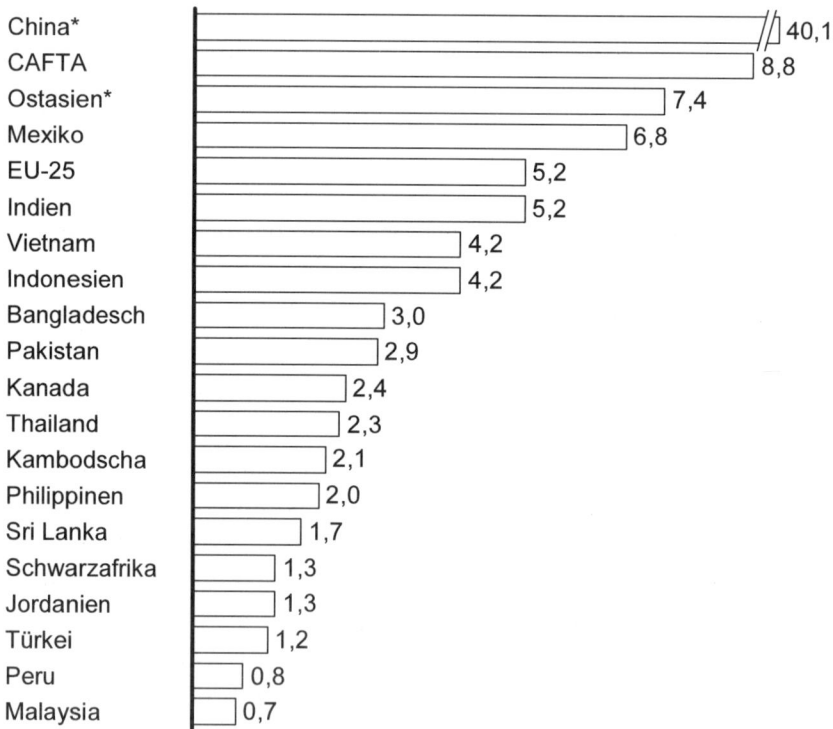

* Hongkong, Macau, Südkorea, Japan und Taiwan werden hier zu Ostasien gezählt
Quelle: US International Trade Commission

Abb. 3.1. Lieferregionen und -länder für Textilien, die für die USA bestimmt sind (2006, in Mrd. USD)

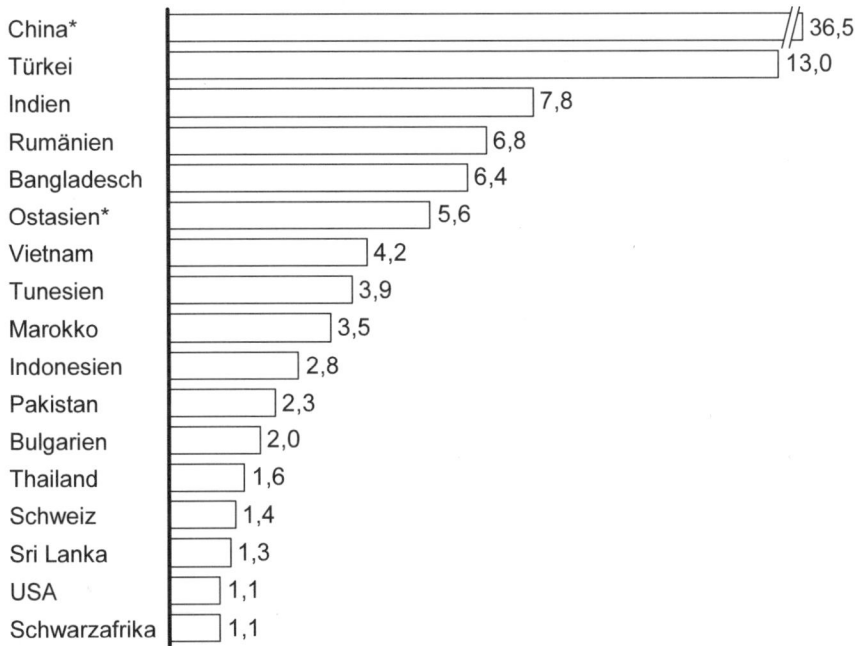

* Hongkong, Macau, Südkorea, Japan und Taiwan werden hier zu Ostasien gezählt
Quelle: Eurostat

Abb. 3.2. Lieferregionen und -länder für Textilien bei Lieferung in die EU-25 (2006, in Mrd. USD)

Von den 20 befragten Unternehmen beschaffen denn auch zwei Drittel ihre Stoffe zum Teil in Asien, und alle (bis auf ein Unternehmen) kaufen einen Teil der fertigen Bekleidungsprodukte im Orient ein. Beim Stoff liegt auch Europa als Beschaffungsregion gut im Rennen (Abbildungen 3.3 und 3.4).

Während die befragten europäischen Unternehmen ihr Einkaufsvolumen bei Bekleidungsprodukten auf Asien und Europa verteilen, spielen für die amerikanischen Unternehmen auch Amerika und der Nahe Osten eine Rolle (Abbildung 3.5).

Wechselt man von der Regionen- auf die Länderebene, bestätigt sich in unserer Umfrage die Top-Position der Chinesen – gefolgt von Indien, Bangladesch und der Türkei (Abbildung 3.6). Die Türkei,

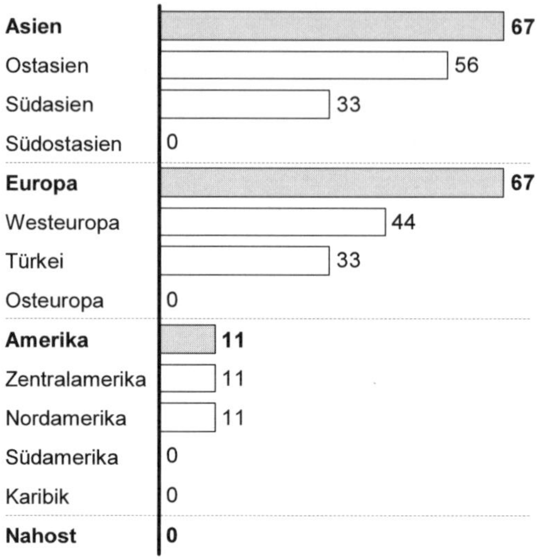

Asien	67
Ostasien	56
Südasien	33
Südostasien	0
Europa	67
Westeuropa	44
Türkei	33
Osteuropa	0
Amerika	11
Zentralamerika	11
Nordamerika	11
Südamerika	0
Karibik	0
Nahost	0

Anteil der Unternehmen, welche in dieser Region beschaffen*; insgesamt 9 Antworten; in Prozent

* Jeweils Mindestwerte, da im Gespräch oft nur eine Auswahl von Regionen genannt wurde

Abb. 3.3. Beschaffungsregionen für Stoff

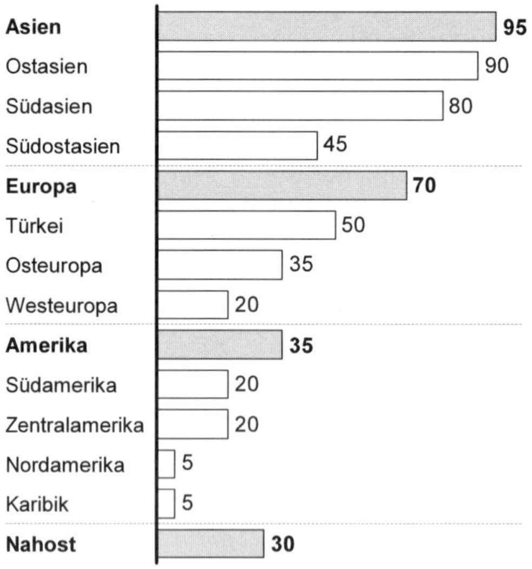

Asien	95
Ostasien	90
Südasien	80
Südostasien	45
Europa	70
Türkei	50
Osteuropa	35
Westeuropa	20
Amerika	35
Südamerika	20
Zentralamerika	20
Nordamerika	5
Karibik	5
Nahost	30

Anteil der Unternehmen, welche in dieser Region beschaffen*; insgesamt 20 Antworten; in Prozent

* Jeweils Mindestwerte, da im Gespräch oft nur eine Auswahl von Regionen genannt wurde

Abb. 3.4. Beschaffungsregionen für Bekleidungsprodukte

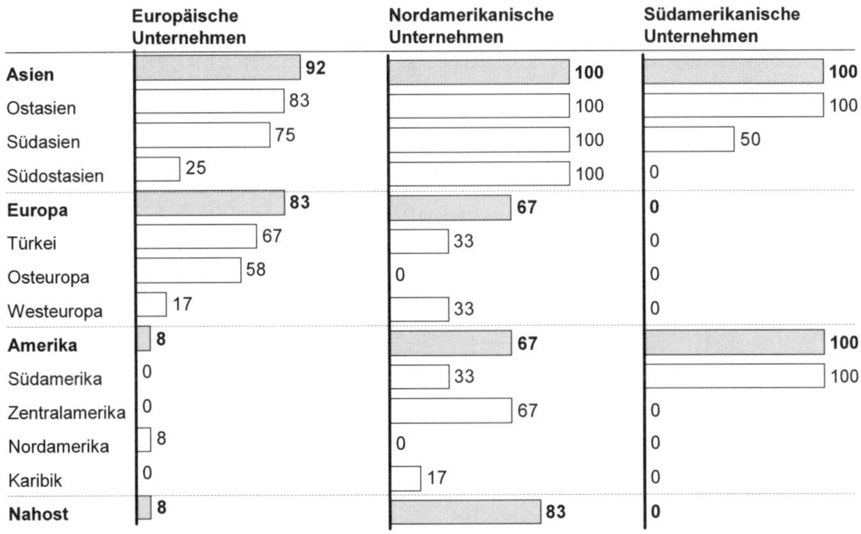

	Europäische Unternehmen	Nordamerikanische Unternehmen	Südamerikanische Unternehmen
Asien	92	100	100
Ostasien	83	100	100
Südasien	75	100	50
Südostasien	25	100	0
Europa	83	67	0
Türkei	67	33	0
Osteuropa	58	0	0
Westeuropa	17	33	0
Amerika	8	67	100
Südamerika	0	33	100
Zentralamerika	0	67	0
Nordamerika	8	0	0
Karibik	0	17	0
Nahost	8	83	0

Anteil der Unternehmen, welche in dieser Region beschaffen; insgesamt 20 Antworten*; in Prozent

* Europa: 12 Antworten; Nordamerika: 6 Antworten; Südamerika: 2 Antworten; jeweils Mindestwerte, da im Gespräch oft nur eine Auswahl von Regionen genannt wurde

Abb. 3.5. Beschaffungsregionen für Bekleidungsprodukte (Detailbild)

	Anzahl Unternehmen			Anzahl Unternehmen
(1) China	18		(8) Sri Lanka	4
(2) Indien	14		(8) Kambodscha	4
(3) Bangladesch	12		(8) Thailand	4
(4) Türkei	10		(8) Philippinen	4
(5) Südkorea	8		(15) Brasilien	3
(5) Indonesien	8		(15) Israel	3
(7) Vietnam	7		(15) Jordanien	3
(8) Italien	4		(15) Slowenien	3
(8) Ägypten	4		(15) Rumänien	3
(8) Pakistan	4		(20) Guatemala	2

Anzahl der Unternehmen, welche dieses Land als Beschaffungsland nannten*; insgesamt 20 Antworten

* Liste verzerrt, da im Gespräch i.d.R. kein vollständiger Überblick über alle Beschaffungsländer erfolgte

Abb. 3.6. Top 20 der Beschaffungsländer für Bekleidungsprodukte

die wir in der regionalen Betrachtung zu Europa zählen, nimmt also einen relativ hohen Rang ein. Während sie früher als Billiglohnland begehrt war, spielt sie heute aus einem anderen Grund für europäische Textilunternehmen eine besondere Rolle: Sie bietet eine reizvolle Kombination aus regionaler Nähe zum europäischen Absatzmarkt – was der Liefergeschwindigkeit und damit der Trendnähe der Produkte zugute kommt – sowie mittlerweile guter Kreativität auf Produkt- und sogar Kollektionsebene.

Kernfrage Länderwahl: Wechselwirkung mit anderen Entscheidungen

Direkt einkaufende Händler bestimmen selbst, welche Länder für die Beschaffung in Frage kommen – das heißt, wo die fertigen Bekleidungsprodukte produziert werden sollen und gegebenenfalls auch, wo die Stoffe und weiteren „Zutaten" beschafft werden sollen. Dabei ist die Wahl des optimalen Beschaffungslandes nicht nur eine von vielen Beschaffungsentscheidungen – die überwiegende Mehrheit der befragten Unternehmen hält sie im Fall Direkteinkauf für die wichtigste. Und dies aus gutem Grund: Denn mit den Beschaffungsländern werden die Zielgrößen Zeit, Kosten und Qualität allesamt wesentlich beeinflusst.

Dabei sind die Länderentscheidungen eng verknüpft mit den übrigen Entscheidungen des Beschaffungsmanagements:

- *Modus des Direkteinkaufs* (Kapitel 2): CMT oder Vollkauf? Bislang dachten europäische Händler bei CMT sofort an Osteuropa und bei Vollkauf an Asien. In der Zukunft dürfte der CMT-Modus vor allem in Asien fortbestehen.

- *Lieferanten* (Kapitel 4): Oft gehen Markenanbieter und Händler bei der Länderwahl von der Frage aus: Wo sitzt mein bester Lieferant? Dass dies mitunter die Logik auf den Kopf stellt, verdeutlichen die Worte eines preisorientierten europäischen Händlers: „Bestimmte Produkte gibt es wegen ihrer Komplexität nur in bestimmten Märkten. Was es wo zu kaufen gibt, hängt also vor allem von den Märkten ab und nicht so sehr von den Lieferanten. In Bangladesch zum Beispiel fehlt den Lieferanten das Know-how, um beispielsweise Stücke mit aufwändigen Verzierungen zu fertigen." Wesentlich ist auch folgender Zusammenhang der Länder- mit der Lieferantenwahl: In Asien, vor allem in China, entstanden in den letzten Jahren große vertikal integrierte Lieferanten, die sowohl den Stoff als auch das fertige Bekleidungsprodukt herstellen. In Osteuropa hingegen gibt es solche Unternehmen kaum.

- *Transportmittel* (Kapitel 5): In manchen Fällen lohnt sich die Beschaffung aus Asien (anstatt aus einem nahen Beschaffungsland) nur, wenn man als Transportmittel das teure Flugzeug nutzt und nicht das Schiff. Lufttransport aber wird man künftig nicht nur aus Kostengründen, sondern auch mit Blick auf die CO_2-Bilanz vermeiden wollen – damit geht ein klarer Punkt an die nahen Beschaffungsländer.

- *Steuerlogik* (Kapitel 6): Wird die Produktion nach der Pull-Logik („Test and Chase") gesteuert, kann es notwendig sein, das komplette Auftragsvolumen oder zumindest die Nachorder in einem nahen Beschaffungsmarkt zu platzieren, um schnell reagieren zu können. Die Push-Steuerung (Einmallieferung) hingegen lässt hier viel mehr Freiraum.

- *Internationale Einkaufsorganisation* (Kapitel 7): Schließlich ist die Verteilung der Einkaufsvolumina auf die vorrangigen Einkaufsregionen auch ausschlaggebend für die Überlegung, ob man eigene Beschaffungsbüros in diesen Regionen unterhalten sollte.

Die Länderwahl ist also eine Entscheidung von großer Tragweite für die gesamte Beschaffung. Gleichzeitig ist aber der Gestaltungsspielraum begrenzt, denn was die einzelnen Länder zu bieten haben, ist kaum durch einen einzelnen Nachfrager zu beeinflussen. So denkt man bei Daunenjacken heute fast immer an Nordchina, bei Basic Jeans sehr oft an Bangladesch, bei Konfektionsware – zumindest als europäischer

Händler – schnell an Osteuropa, bei aufwändig verzierten Kleidungs-stücken (beispielsweise mit Perlenstickereien) an Indien und bei be-sonders hochwertigen Artikeln mittlerweile neben Italien auch an Südchina, das sich in einem laufenden Trading-up-Prozess befindet.

Systematisches Vorgehen: Auswahl gemäß Beschaffungszielen

Auch wenn es in der einschlägigen Literatur immer wieder versucht wird: Es gibt für die Länderwahl keine Patentrezepte nach dem Mus-ter „Land A für Kategorie X, Land B für Kategorie Y". Zu dynamisch sind die internationalen Entwicklungen, zu spezifisch die Situationen und Anforderungen der einzelnen Unternehmen. Jeder Händler und Markenanbieter sollte vielmehr – sofern er direkt einkauft – seine Län-derwahl für jeden einzelnen Auftrag nach ganz klaren Kriterien fällen.

Zunächst müssen mögliche Zielländer natürlich gewisse *Grundvor-aussetzungen* erfüllen. Die erste und wichtigste davon ist, dass sich die benötigten Stückzahlen dort sinnvoll abbilden lassen. Es gibt Län-der, in denen nur große Stückzahlen wirklich gut eingekauft werden können. Aktuell gilt das beispielsweise noch für China, wo sich die Industrie auf großvolumige Aufträge spezialisiert hat. Kleine Unter-nehmen haben häufig wenig Chancen, ihre Volumina bei chinesi-schen Produzenten zu platzieren, wie uns ein europäischer Young-Fashion-Anbieter bestätigt: „Wir sind zu klein für China. Kunden müssen hier Mindestmengen abnehmen, für geringe Volumina sind die Lieferanten nicht flexibel genug. Sollte sich das jemals ändern, wird China auch für uns interessant."

Wer kleinere Stückzahlen benötigt, denkt daher eher an fragmentierte Märkte wie Indien (wo sich allerdings derzeit ebenfalls große Ein-heiten herausbilden) oder auch an Osteuropa. Dazu ein europäischer Luxusmarkenanbieter: „Konfektionsware kaufen wir in Slowenien ein. Unsere Stückzahlen sind nicht groß genug, um das im Vollge-schäft in Fernost zu machen – da zieht kein Lieferant mit." Umge-kehrt suchen große Handelsunternehmen oft gezielt nach Lieferanten, die umfangreiche Einzelaufträge bewältigen können. An dieser Anforderung sind beispielsweise viele thailändische Betriebe gescheitert: Sie haben es nicht geschafft, mit den steigenden Einkaufsvolumina Schritt zu halten.

Eine zweite Grundvoraussetzung für die Auswahl eines Beschaffungslandes ist, dass man dort freie Fertigungskapazitäten erhält. Auch das ist keine Selbstverständlichkeit, denn in manchen Ländern haben die Lieferanten inzwischen eine starke Position. China beispielsweise wandelt sich immer mehr von einem Käufer- zu einem überbuchten Verkäufermarkt. Den Kampf um Kapazitäten verlieren hier nicht nur kleine Nachfrager, sondern auch immer häufiger mittelgroße Kunden. Wer sich heute noch aus China versorgt, kann morgen vielleicht schon leer ausgehen. So mancher muss sich daher neu orientieren.

Was, zumindest nach Aussage unserer Interviewpartner, kaum als grundlegendes Auswahlkriterium herangezogen wird, ist der Schutz von Markenrechten. Eine mögliche Erklärung dafür ist, dass dieser heute in den meisten relevanten Produktionsländern nur schwer durchzusetzen ist – nicht nur in China.

Erfüllt ein Land die Grundvoraussetzungen, ist sicherzustellen, dass es zur Beschaffungsstrategie passt – oder genauer: zu den spezifischen Qualitäts-, Zeit- und Kostenzielen, die das Unternehmen für die Beschaffung des betreffenden Programms definiert hat.

Hohe und konsistente Qualität

Die Qualität ist sicherlich für Anbieter im Luxussegment (für alle Sortimentsteile) am wichtigsten. Ansonsten erwarten Endkunden typischerweise vor allem von den Kollektionen, also dem Kernbestandteil der Händlersortimente, eine vergleichsweise hohe und konsistente Qualität. Was darunter im Einzelfall zu verstehen ist, wird sich allerdings wieder von einem Unternehmen (und Kundenstamm) zum anderen unterscheiden.

Relevante Fragen im Rahmen der Länderwahl sind: Welche Vorgaben zu Stoffen, Farben, Schnitten, Größensätzen und Accessoires ergeben sich gemäß den Skizzen und technischen Zeichnungen der Designabteilungen sowie gegebenenfalls aus intern angefertigten Mustern? Welche Anforderungen gibt es hinsichtlich der Verwendung von Chemikalien, der Farbechtheit, Waschbarkeit und dergleichen?

Entsprechend sind beim Einkauf von Stoffen wie auch von fertigen Bekleidungsartikeln zwei Kriterien wesentlich:

- einschlägige Produktionskompetenzen / Materialqualität,

- innovatives und kreatives Design.

Zum Thema *Stoffeinkauf* sagte uns ein europäischer Markenanbieter für Young Fashion: „Bei der Länderwahl kommt es vor allem darauf an, wo die Rohware produziert wird, denn das ist der komplexeste Veredelungsschritt in der Wertschöpfungskette. Nähen ist am einfachsten, Spinnen, Weben und Färben meist am aufwändigsten. Shanghai bietet mittlerweile übrigens bessere Webereien für Top-Stoffe als Italien. In Italien werden die Stoffe dann lediglich veredelt, also zum Beispiel gefärbt, und obwohl hier nicht gewebt wird, kann die Ware dennoch mit ‚Made in Italy' gekennzeichnet werden."

Ganz anders geht ein europäischer Luxusmarkenanbieter vor: „Für Strick nehmen wir immer italienische Garne, zum Beispiel Cashmere aus Reggiolo, auch wenn die Kleidungsstücke in China gefertigt werden. Denn Garne aus China bieten nicht die erforderliche Qualität. Auch unsere Seide beziehen wir fast nur aus Como, bestimmte Qualitäten auch aus Lyon. Seide aus Indien und China ist für uns nicht gut genug. Wenn wir auf italienischer Seide sticken lassen, erhalten wir bessere Ware, da gibt es weder Dickstellen noch Webfehler. Basisstoffe für die Konfektionierung stammen ebenfalls zu 90 Prozent aus Italien – Italiener sind eben unschlagbar bei kreativen Stoffen. Unseren Tweed produzieren ein bis zwei Spezialisten in Schottland. Aus Indien beziehen wir nur Twill und Basic Shantung, der über und über bestickt wird."

Ein nordamerikanischer Händler im gehobenen Segment zieht ebenfalls einen interessanten Ländervergleich: „Wir beziehen Rohmaterialien vor allem aus Italien und der Türkei. Sie sind zwar am teuers-
ten, aber man findet dort die hochwertigsten Stoffe, etwa für Anzüge, Stoffhosen und Ähnliches. Italien bietet dabei die besseren De-
signkompetenzen und kreativen Fähigkeiten, die Türkei aber ist pro-
duktionstechnisch weiter vorn, hat die größeren Produktionseinhei-
ten. Zudem gibt es dort ein breiteres Produktangebot – quasi von allem etwas, allerdings nicht so viel synthetische Stoffe wie in Asien.
Synthetics gibt es in ganz Asien, Top-Qualität bietet dabei Japan. Andere asiatische Länder holen allerdings auf. In Asien können wir zudem mit wirklich vertikalen Anbietern zusammenarbeiten. Aus welchem Land wir dann synthetische Ware beziehen, hängt das eine
Mal eher von den Kosten ab, das andere Mal eher von der Qualität."

Auch bei den *fertigen Bekleidungsprodukten* haben sich weltweit im
Lauf der Zeit regelrechte Kompetenzregionen herausgebildet. Allerdings können diese in zehn Jahren schon wieder anders verteilt sein.
Ihre Lage hängt vor allem davon ab, wo die jeweiligen Stoffe produziert werden. Gewissermaßen bilden sich rund um die entsprechenden Stoffzentren nach und nach Fähigkeiten und Kapazitäten auf der
nachfolgenden Wertschöpfungsstufe heraus. Hier finden sich dann
überdurchschnittlich viele Fachkräfte mit den entsprechenden Spezi-
alkenntnissen, und dank regional gebündelter Investitionen in Maschinen auch die erforderliche Fertigungstechnologie.

Dazu ein europäischer Händler: „Generell kaufen wir die fertigen
Bekleidungsstücke nur in den Ländern, aus denen auch die Stoffe
stammen. Denn so sparen wir eine Menge Zeit. Seiden- und Leinen-
Produkte muss man in China kaufen, weil auch das Material dorther
stammt. Auch Cashmere-Produkte kann man gut in China kaufen."

Nur einer unserer Interviewpartner, ein europäischer Markenanbieter
für Young Fashion, schätzt die Bedeutung länderspezifischer Pro-
duktkompetenzen als gering ein. In erster Linie, so seine Aussage,
komme es doch auf die Lieferanten an, und insgesamt würden sich
die Qualitäts- und Know-how-Standards weltweit mit der Zeit immer mehr angleichen.

Innerhalb unserer Stichprobe war diese Meinung allerdings die Ausnahme: 19 der 20 befragten Unternehmen nannten die produktspezifische Produktionskompetenz als wesentliches Entscheidungskriterium bei der Länderwahl; interessanterweise führt sie damit – zumindest bei der Beschaffung fertiger Bekleidung – die Rangliste der Auswahlkriterien an, während Lohnkosten erst an vierter Stelle stehen (Abbildung 3.7).

Anzahl Unternehmen

	Anzahl Unternehmen
① Produktspezifische Produktionskompetenz im Land	19
② Herkunft Rohmaterial aus der gleichen Region	16
③ Zölle und Subventionen	11
④ Verfügbarkeit billige Arbeit	6
④ Liefertreue der Lieferantenbasis	6
⑥ Abbildbarkeit Stückzahlen	5
⑥ Produktivität Arbeit und Kapital	5
⑥ Logistikinfrastruktur im Land	5
⑨ Berechenbarkeit von Handelsbeschränkungen	4
⑩ Entfernung zum Absatzland	3

Anzahl der Unternehmen, welche dieses Kriterium nannten*; insgesamt 20 Antworten

* Liste verzerrt, da im Gespräch i.d.R. kein vollständiger Überblick über alle Kriterien erfolgte

Abb. 3.7. Top-10-Kriterien der Länderwahl für Bekleidungsprodukte

Kreativität und Designkompetenz sind natürlich vor allem für Produkte mit hohem Modegrad ein wichtiges Auswahlkriterium. Die ersten Produzenten mit eigenen Kollektionen gab es in Europa, inzwischen sind sie auch sehr erfolgreich in der Türkei vertreten. Asien war lange Zeit nur die „verlängerte Werkbank" ohne eigene Kreativleistung. Das hat sich allerdings in den letzten fünf bis acht Jahren geändert. Auch mancher chinesische Lieferant hat heute Erfolg mit Kollektionen.

Dazu ein preisorientierter US-Händler: „In China kaufen wir die meisten unserer Fashion Basics und auch nahezu alle Pure-Fashion-Produkte, ein paar davon aber auch in Kambodscha und Bangladesch. Unsere Basics beziehen wir aus den USA, der Karibik und Zentralamerika. China bevorzugen wir vor allem, weil die Produzenten hier alle denkbaren Stile und Stoffe anbieten und noch dazu sehr günstig sind."

Ein europäischer Young-Fashion-Anbieter ist jedoch überzeugt, dass China in puncto kreative Kompetenzen noch einen weiten Weg vor sich hat: „Mode spielt zwar in China eine große Rolle; so gibt es hier die besten Fashion Channels – drei oder vier Kanäle, die rund um die Uhr nur Modenschauen senden. Ein chinesischer Merchandiser kann sich aber trotzdem nur schwer vorstellen, wie eine Lederjacke aussehen muss, die im Schrank 15 cm Platz einnimmt, bei einer Außentemperatur von minus 20 Grad Celsius tragbar und dann noch aus Kundensicht schick ist. Wo ist es in China schon so kalt, und wer hat so viel Platz für seine Kleider? Oder nehmen wir Lederschuhe mit Ledersohle: In China ist die durchschnittliche Luftfeuchtigkeit so hoch, dass man solche Schuhe alle zwei Wochen desinfizieren müsste, um Pilzbefall zu vermeiden. Das sind nur zwei Beispiele für Wissensbarrieren, die uns in Europa für die nächsten Jahre noch einen Vorsprung sichern. Klar ist aber auch: Die Chinesen lernen schnell und werden sich das nötige Wissen aneignen."

Manche Unternehmen entscheiden sich auch deshalb für ein Beschaffungsland, weil es hier ein, zwei besonders spezialisierte Lieferanten gibt. Ein nordamerikanischer Händler begründete seine Entscheidung für Israel wie folgt: „Unser Lieferant dort bietet ein einzigartiges Fertigungsverfahren. Weil er in Technologie und Maschinen investiert und nicht in Personal, kann er seine Leistungen zu wettbewerbsfähigen Preisen auch in Israel anbieten."

Ob die gewünschte Qualität sichergestellt werden kann, hängt auch von der Organisation der Zusammenarbeit mit den Produzenten ab. So achten viele der befragten Händler bei der Länderwahl darauf, ob sie mit den Fabriken direkt in Verbindung treten können, denn nur dann können sie sich mit ihren Lieferanten effektiv und effizient abstimmen und auftretende Probleme zufriedenstellend lösen. Das ist nicht überall möglich: In Mexiko stehen als Ansprechpartner oft nur die Besitzer, nicht das Management der Fabriken zur Verfügung. Zumindest nannten dies mehrere amerikanische Unternehmen als Grund dafür, dass sie trotz der Nähe wenig oder gar nichts aus Mexiko beziehen.

Auch die Qualität des eigenen Einkaufsbüros in der Region kann mit bestimmen, ob man mit einem Land intensiv Handel treibt. Ein befragter Händler führte dazu aus, dass gute eigene Mitarbeiter eventuelle Schwächen der lokalen Lieferantenbasis ausbügeln können.

Inzwischen weniger relevant ist nach Einschätzung der meisten Befragten die Country-of-Origin-Frage (die Akzeptanz der Verbraucher für Waren bestimmter Herkunft). Sogar ein europäischer Luxusmarkenanbieter teilt diese Einschätzung: „Bislang beziehen wir zwar für Absatzmärkte, die in diesem Punkt sensibel sind, keine Ware aus Asien; dennoch stellen wir fest, dass die Herkunftsbezeichnung immer unwichtiger wird." Ein anderer europäischer Luxusanbieter vertritt als einziger der 20 Befragten eine völlig andere Meinung: „Unsere Stoffe und Kleidungsstücke beziehen wir vor allem aus Italien, denn hier gibt es das Know-how, das hohe Qualität sichert. In Asien lassen wir nichts fertigen und wir werden auch morgen diesen Fehler nicht machen – denn unsere Kunden achten darauf, woher die Stücke kommen."

Niedrige Kosten

Aus nahe liegenden Gründen sind die Kosten vor allem für Discounter das zentrale Entscheidungskriterium für alle Teilsortimente; mit Abstrichen gilt dies auch für Young-Fashion-Anbieter. Ganz generell (und anbieterunabhängig) erwartet der Endkunde im Laden, dass sich vor allem die Promotion- und NOS-Sortimente durch vergleichsweise günstige Preise auszeichnen. Was „günstig" dabei heißt, ist wiederum von einem Unternehmen zum anderen sehr verschieden.

Wer preisgünstige Ware bieten will, braucht eine möglichst kostengünstige Lieferkette. Im Rahmen der Länderwahl spielen folgende Kostenblöcke eine wichtige Rolle[1]:

- Lohnkosten und Produktivität,

- Zölle und Subventionen,

- Kosten der eigenen Organisation,

- Logistikkosten.

Als weitere Größe, die diverse Kostenblöcke beeinflussen kann, kommt noch die Währungsentwicklung hinzu.

Lohnkosten und Produktivität. Erste Voraussetzung für geringe Lohnkosten ist die Verfügbarkeit billiger Arbeit. Heute denkt man dabei vor allem an China, Indien und Indonesien. Und in der Tat ist die Ukraine das einzige nicht asiatische Land, das es im Vergleich relevanter Beschaffungsländer auf einen vorderen Rang schafft (Abbildung 3.8).

Doch selbst wenn ein Zielland in Sachen Lohnkosten besonders günstig ist, sollten die sonstigen Bedingungen genauestens geprüft werden. Oft werden beim vergleichenden Blick auf die absoluten Lohnkostenniveaus die Produktivitätsunterschiede zwischen den Ländern vernachlässigt. Sie können so groß sein, dass vermeintliche Vorteile überkompensiert werden. Ein europäischer Händler im preisorientierten Segment sagte uns dazu: „Die Produktivität ist in China deutlich höher als beispielsweise in Bangladesch – die chinesischen Produzenten haben besser ausgebildete Mitarbeiter und leistungsfähigere Maschinen."

---

1 Da es hier um die Beschaffung fertiger Bekleidungsprodukte geht, werden Materialkosten in der Regel kein wesentliches Kriterium für die Länderwahl sein – zur Not beschafft man den Stoff anderswo.

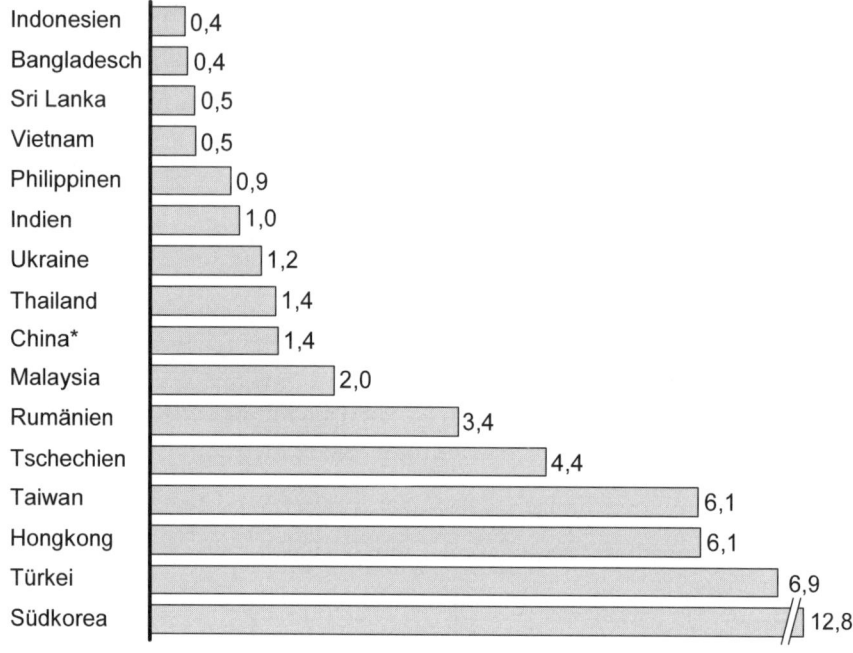

*Ohne Hongkong und Taiwan

Abb. 3.8. Fertigungslohnkosten in ausgewählten Beschaffungsländern (2006, in USD/h)

Zölle und Subventionen. Häufig werden die Kosten eines Produkts auch von politischer Seite gezielt beeinflusst. Dies kann eine erhebliche Rolle in der Landed-Cost-Kalkulation spielen. Nicht ohne Grund wurde dieses Auswahlkriterium von den befragten Händlern noch häufiger genannt als die Lohnkosten. Und da sich die geltenden Regelungen laufend ändern, sollten Markenanbieter und Händler alle Möglichkeiten nutzen, um hier auf dem Laufenden zu bleiben. Ein europäischer Discounter zieht Subventionen explizit in sein Kalkül mit ein: „Bei T-Shirts ist Indien eindeutig günstiger als die Türkei: Die etwas höheren Transportkosten werden durch weit geringere Lohn- beziehungsweise CMT-Kosten mehr als kompensiert. Hinzu kommt, dass in Indien die Lieferantengewinne absolut gesehen geringer sind und exportierende Lieferanten staatliche Subventionen erhalten, die an uns weitergegeben werden. Und nicht zuletzt bietet Indien unserer Meinung nach die bessere Qualität."

Zahlreiche nordamerikanische Firmen unterhalten auch Lieferantenbeziehungen in Israel, Jordanien und Ägypten. Das Freihandelsabkommen zwischen den USA und Israel garantiert Zollfreiheit für jene dort gefertigten Produkte, bei welchen ein bestimmter Anteil an der Wertschöpfung in Israel geleistet wurde. Eine nordamerikanische Warenhauskette setzt bei der Länderwahl entsprechende Prioritäten: „Zollfreiheit nutzen wir, wo immer es geht – besonders ausgiebig zum Beispiel in Jordanien. Für gewöhnlich werden die Waren lediglich in Israel verpackt oder in jordanischen Fabriken gefertigt, die sich in israelischer Hand befinden."

Kosten der eigenen Organisation. Für die meisten Händler spielt es bei der Länderwahl für konkrete Aufträge eine wichtige Rolle, inwieweit sie Reisezeit und Reisekosten sparen können. Ausschlaggebend hierfür ist zum einen, ob eigene Büros im Land betrieben werden, zum anderen, wie gut die Lieferantenstandorte erreichbar sind. Hier gibt es große Unterschiede, wie ein nordamerikanischer Händler erläutert: „In China werden die Fabriken direkt neben die Häfen und Flughäfen gebaut, und jeder kann sie leicht erreichen. In Indien ziehen die Menschen nicht um, also muss man die Fabriken da bauen, wo es Arbeitskräfte gibt."

Auch die Breite der vor Ort verfügbaren Produktpalette kann relevant sein: Je mehr unterschiedliche Produkte ein Unternehmen in derselben Region beschafft, desto niedriger kann es seine Transaktionskosten halten. Eine südamerikanische Warenhauskette begründet damit seine Länderwahl: „Wir kaufen Bekleidungsartikel in Indien und Pakistan, weil wir hier auch einen Großteil unserer Heimtextilien beziehen."

Schließlich spielt auch das Thema Compliance eine bedeutende Rolle. Wichtig ist hier die Erkenntnis: Gute Arbeitsbedingungen führen auch zu hoher Produktivität. Und wer nicht von Anfang an Compliance-Themen beachtet, muss dann eventuell für teures Geld die Dinge richten. Kein Wunder also, dass alle großen Beschaffungsländer Fortschritte in Sachen Compliance machen – allerdings unterschiedlich schnell und auf Basis verschiedener Ausgangsbedingungen. Mögliche Problembereiche für die Beschaffung sind soziale Themen wie Kinderarbeit, Zwangsarbeit, mangelnder Gesundheitsschutz und nicht ausreichende Arbeitssicherheit, zu lange Arbeitszeiten, zu spät bezahlte oder ausbleibende Löhne, aber auch Punkte wie ein eventuelles Verbot von Vereinigungen, Diskriminierung, Belästigung und Missbrauch. Ebenso auszuschließen sind die Verwendung unerlaubter Chemikalien, mangelhafter Umweltschutz oder verdeckte Fremdvergabe.

Logistikkosten. Dass sich die Logistikkosten von Land zu Land stark unterscheiden können, liegt auf der Hand. Neben den Transportstrecken spielt dabei auch der Umfang der notwendigen Aufbereitung im Distributionszentrum im Absatzmarkt eine Rolle: Je länger die Ware im Container gelegen hat, desto eher kann im Anschluss ein Aufbügeln nötig sein.

Weiterhin kann bei der Länderwahl die Höhe der Energiekosten (neben der Versorgungssicherheit) im Land eine Rolle spielen.

Schnelle und pünktliche Lieferung

Kurze Lieferzeiten sind nicht nur für Young-Fashion-Anbieter essenziell, sondern auch für Unternehmen im Luxussegment: Es gilt, die neuen Kollektionen schon bald nach den Modenschauen – und möglichst vor den Nachahmern – in die Läden zu bringen. Von den unterschiedlichen Teilsortimenten ist, wie der Name schon sagt, für „Fast Fashion" die Geschwindigkeit am wichtigsten.

Natürlich gibt es auch Händler – vor allem im Niedrigpreissegment –, für welche die Zeit kein zentrales Kriterium ist. Dazu ein europäischer Discounter: „In der Türkei produzieren wir sehr wenig, weil die Zeitersparnis den Kostenunterschied nicht lohnt. Geschwindigkeit ist für uns nämlich weniger wichtig."

Wesentliche Einflussgrößen der Lieferzeit sind

- die Verfügbarkeit von Rohmaterial in der Region, in der das Produkt gefertigt wird,

- die räumliche Nähe zum Absatzland,

- die Logistik-Infrastruktur im Land.

Mitunter spielt zusätzlich eine Rolle, ob Wochenendarbeit im betreffenden Land zulässig ist oder nicht.

Verfügbarkeit von Rohmaterial in der Region. Für fast alle befragten Unternehmen ist dies die wichtigste Voraussetzung für kurze Lieferzeiten. Einige legen zudem Wert darauf, dass es im Beschaffungsland vertikal integrierte Hersteller gibt.

Der Vertreter einer nordamerikanischen Warenhauskette schilderte seine Erfahrungen so: „Die Vorlaufzeit für eine Beschaffung aus Jordanien ist sehr lang. Man muss den gesamten Stoff erst einmal dorthin verschiffen, weil es vor Ort keinerlei Rohmaterial gibt." Und der Vertreter einer nordamerikanischen Großmarktkette sagte: „In puncto Stofffertigung steht Südamerika nicht so gut da, deshalb haben wir uns auch nicht dort niedergelassen. Zentralamerika bietet da aktuell einiges mehr." Etwas weniger kritisch sieht das ein anderer nordamerikanischer Händler: „Die Stoff-Infrastruktur ist wichtig, aber kein K.o.-Kriterium. Das erforderliche Rohmaterial kann man immer importieren. Außerdem können wir selbst mithelfen, vor Ort eine Stoff-Infrastruktur aufzubauen – dafür sind wir groß genug."

Räumliche Nähe zum Absatzland. Erstaunlicherweise spielt dieses Kriterium für viele der befragten Händler nur eine untergeordnete Rolle. Für einige ist es in erster Linie wichtig, um bei Fehleinschätzung der Nachfrage kurzfristig nachbestellen zu können. Ein europäischer Händler aus dem preisorientierten Segment sagte uns denn auch: „Leinenhemden beschaffen wir vorwiegend in China, weil da die Qualität einfach stimmt; außerdem gibt es in China auch den erforderlichen Stoff. Dennoch haben wir, um schneller zu sein, vor kurzem auch die Türkei als Beschaffungsland für Leinenhemden hinzugenommen. Während der Saison nutzen wir hier zwei Quellen für kurzfristige Nachbestellungen." Ein anderer europäischer Händler praktiziert das schon länger: „Wir achten darauf, dass wir für jede Produktgruppe auch eine qualifizierte Quelle in Europa haben. Unsere bevorzugten Beschaffungsländer sind hier Litauen, Rumänien, Bulgarien, die Türkei, Moldawien und Polen. So können wir bei Bedarf jedes gewünschte Hemd innerhalb von vier Wochen besorgen."

Ein südamerikanischer Händler bevorzugt wegen der Transportzeiten die Beschaffung im eigenen Land: „Wenn wir vor Ort einkaufen, profitieren wir auf vielfältige Weise: Erstens können wir schnell auf den Markt reagieren. Flashes zum Beispiel beziehen wir ausschließlich hier. China ist für uns viel zu weit entfernt; der Schiffstransport dauert um die 35 Tage. Der zweite Grund betrifft vor allem unsere Damenbekleidung: Im Unterschied zur Herrenmode kann sich hier die Passform von einer Saison zur nächsten völlig verändern; also muss man hier noch flexibler reagieren und somit auch näher am Absatzmarkt sein. Und drittens können wir durch die räumliche Nähe auch subjektive Qualitätsaspekte besser sicherstellen: Unterschiedliche Produkte haben immer auch einen anderen Touch oder eine leicht andere Passform – solche Merkmale lassen sich nur schwer in konkrete Vorgaben ummünzen, über große Entfernungen kommunizieren und zuverlässig kontrollieren."

Da die Konsumenten zunehmend sensibel für Umweltfragen werden, dürfte eine kurze Entfernung zwischen Beschaffungs- und Absatzregion in Zukunft noch an Bedeutung gewinnen, da rohstoff- und emissionsintensive Transporte um die halbe Welt immer schwerer vermittelbar werden.

Logistik-Infrastruktur. Die Bedeutung dieses Kriteriums für die Lieferzeit liegt auf der Hand. Wie viele Flughäfen und Häfen gibt es im Produktionsland, wie groß und leistungsfähig sind sie? Wie nah liegen die Fabriken an diesen Flughäfen und Häfen? Sind die „Tore zur Welt" gut an die Binneninfrastruktur angebunden? Nach Meinung der befragten Unternehmen hat China die Bedeutung dieses Punktes

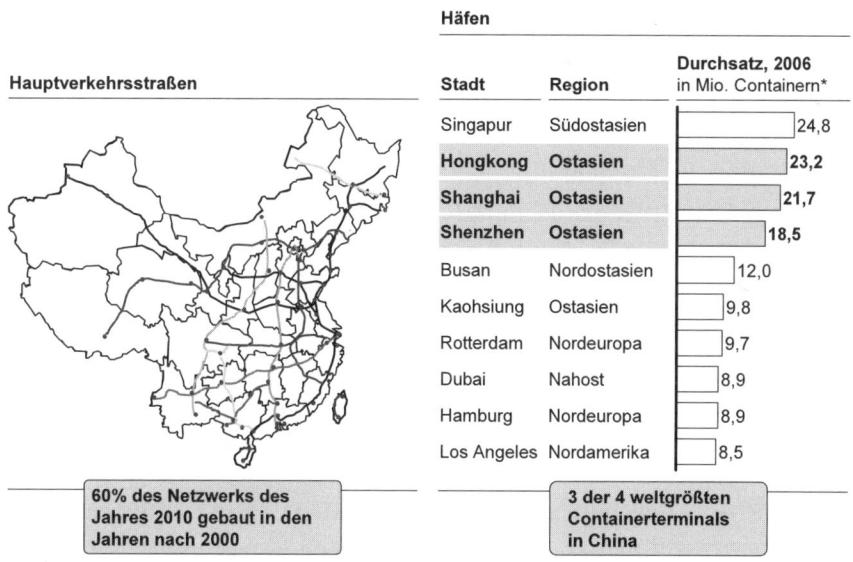

		Häfen	
Hauptverkehrsstraßen	Stadt	Region	**Durchsatz, 2006** in Mio. Containern*
	Singapur	Südostasien	24,8
	Hongkong	**Ostasien**	23,2
	Shanghai	**Ostasien**	21,7
	Shenzhen	**Ostasien**	18,5
	Busan	Nordostasien	12,0
	Kaohsiung	Ostasien	9,8
	Rotterdam	Nordeuropa	9,7
	Dubai	Nahost	8,9
	Hamburg	Nordeuropa	8,9
	Los Angeles	Nordamerika	8,5

60% des Netzwerks des Jahres 2010 gebaut in den Jahren nach 2000

3 der 4 weltgrößten Containerterminals in China

* TEU (Twenty-foot Equivalent Unit)

Abb. 3.9. Chinesische Investitionen in Infrastruktur

hervorragend erkannt und entsprechend gehandelt. Auch geht man fest davon aus, dass China die erforderliche Infrastruktur in Zukunft weiter schaffen wird – im nächsten Schritt vor allem im Landesinneren. (Siehe zu diesem Thema auch Abbildung 3.9.)

Ein gesonderter Aspekt im Zusammenhang mit den Lieferzeiten ist die *Liefertreue:* Vor allem, wenn es um die Teilsortimente NOS / Basics und Aktionen / Promotions geht, ist pünktliche Lieferung in der Regel ein weiteres wichtiges Auswahlkriterium für Beschaffungsländer. Beeinflusst wird sie vor allem von vier Aspekten:

- Zuverlässigkeit der im Land ansässigen Lieferanten,

- Flexibilität bei Produkt- und Mengenänderungen,

- Qualität des (Fabrik-)Managements,

- Politische Stabilität – auch in der Beziehung zum Land des Händlers (Stichwort Handelsbeschränkungen).

Verlässlichkeit der Lieferanten. Einige Interviewpartner nannten dies als wichtigstes Argument für oder gegen ein Lieferland. Dabei können mögliche „Störfaktoren" nicht nur Streiks, Energieengpässe oder Naturkatastrophen sein – es kann auch vorkommen, dass die Lieferanten einfach kleinere Kunden gering schätzen. Ein Beispiel dafür nannte ein südamerikanischer Hersteller: „Peru ist sehr unzuverlässig. Einmal haben wir hier Polohemden geordert, drei Monate später hat Polo Ralph Lauren einen großen Auftrag platziert – und wir wurden fallen gelassen. Mitten in der Saison hätten wir deshalb fast keine Polohemden gehabt und mussten alle Hebel in Bewegung setzen, um einen anderen Lieferanten zu finden. Das war das komplette Chaos. In China sind wir noch kein einziges Mal so behandelt worden."

Flexibilität. Hier haben in der Regel diejenigen Länder die Nase vorn, die relativ nah am Absatzmarkt liegen. Änderungen von Spezifikationen können über kurze Distanzen einfach besser kommuniziert und abgestimmt werden: Wenn sich die Ware aus China schon auf dem Schiff befindet und somit Änderungen unmöglich sind, könnte der Auftrag beim osteuropäischen Produzenten noch immer an den aktuellen Bedarf angepasst werden.

Qualität des Fabrikmanagements. Für ein Beschaffungsland spricht natürlich auch, wenn die Fabriken von qualifizierten Managern geführt werden. Ein nordamerikanischer Händler erläuterte uns dazu: „Sri Lanka bietet leider nur wenige Arbeitskräfte, dafür jedoch gut ausgebildete mittlere Manager, die bereits einige Herausforderungen in unserem Sinne bestens gemeistert haben. In Mexiko sieht das ganz anders aus: Zwar liegt das Land für uns näher, Arbeitskräfte kosten wenig und sie sind ausreichend verfügbar; zudem sorgt das Freihandelsabkommen NAFTA für günstige Rahmenbedingungen – dennoch engagieren wir uns hier nicht, weil es kein starkes mittleres Management in den Fabriken gibt."

Politische Stabilität. Ein Dauerthema im Zusammenhang mit der Liefertreue sind Handelsbeschränkungen, insbesondere wenn sie schlecht vorhersagbar sind. Zwar wurde im Rahmen der WTO festgelegt, dass zum 1. Januar 2005 alle Quoten aufzuheben seien, doch halten die USA und die EU nach wie vor an ihren Einfuhrquoten für chinesische Produkte fest, weil nach dem Quotenfall die Einfuhrvolumina in die Höhe schossen und die Stückpreise in den Keller gingen. Die USA haben dazu mit China ein „Memorandum of Understanding" (MoU) vereinbart, das weiterhin Quoten für bestimmte Produktkategorien vorsieht, etwa für Baumwollhemden, BHs, Unterwäsche und Socken. Das Memorandum trat im Januar 2006 in Kraft und läuft jetzt erst einmal bis Dezember 2008.

Die EU hatte ein solches MoU bereits im Juni 2005 mit China vereinbart: Es gilt vorerst bis Dezember 2007 und umfasst „sensible" Produktkategorien wie Pullover, Herrenhosen, Blusen, T-Shirts, Kleider oder BHs. Doch schon im Spätsommer 2005 waren die vereinbarten Einfuhrquoten erreicht und Ware, die noch unter anderen Bedingungen bestellt worden war, lag in den europäischen Häfen. Deshalb wurde im September 2005 das MoU angepasst und Quoten aus dem Jahr 2006 wurden auf 2005 vorgezogen.

Der skizzierte Umgang mit Quotenregelungen stimmt so manchen Händler pessimistisch. Dazu ein preisorientierter europäischer Anbieter: „China wird nie ganz frei von Quoten oder anderen Anti-Trust-Instrumenten sein. Wenn die Regelungen gegen einen Preisverfall noch härter werden, ziehen wir uns teilweise aus China zurück. Als globaler Akteur sind wir dafür flexibel genug."

Und ein südamerikanischer Händler schilderte uns, wie die Gesetzgebung in seinem Hauptabsatzland Brasilien seine Beschaffungsüberlegungen beeinflusst: „Wir importieren nicht mehr als 15 Prozent, weil wir zwei Variablen beachten müssen: Die eine ist der Dollarkurs; hier lassen sich die Risiken noch einigermaßen gut absichern. Die andere ist die Gesetzgebung, und hier wird es schon schwieriger – vor allem bei Importen aus China: Oft ist sie stark von Lobbys beeinflusst, zum Beispiel von Produzenten, die Mindestpreise für ihre Produkte durchsetzen wollen. Und nicht selten werden solche Änderungen schon über Nacht verbindlich!"

Angesichts des unberechenbaren Verhältnisses zwischen den USA und China möchte sich eine nordamerikanische Warenhauskette aus diesem Beschaffungsmarkt teilweise zurückziehen: „In China kaufen wir aktuell 30 Prozent unseres Bekleidungsvolumens ein; diesen Anteil werden wir jetzt deutlich reduzieren. Das Land ist so unabhängig, dass sich mit den USA nie eine enge Beziehung entwickeln wird. Natürlich werden wir immer Geschäfte miteinander machen, doch unsere Politiker sehen die Beziehung mit den Chinesen eher als eine Art einseitige Partnerschaft, in der wir eine stärkere Rolle spielen. Wenn also die chinesischen Exporte zu sehr wachsen, ergreift der Kongress protektionistische Gegenmaßnahmen, so wie wir es 2004, 2005 und 2006 mit den Safeguards erlebt haben. Solche Regelungen machen unser Engagement in China aber nicht wirklich wettbewerbsfähig. Ich will nicht, dass sich ein ganzes Team jedes Jahr wegen chinesischer Quoten Sorgen machen muss. Wenn die Produkte in den letzten drei Monaten eines Jahres verschifft werden, ich jedoch nicht weiß, ob die Waren bei uns ankommen oder in den Häfen liegen bleiben, habe ich ein großes Problem, denn in der Weihnachtszeit machen wir nun mal das meiste Geschäft.“

Strategische Gestaltung des Länderportfolios: Rahmen für Länderwahl im Einzelfall

Bis hierher haben wir beschrieben, unter welchen Aspekten man von Fall zu Fall („operativ") die Auswahl der Beschaffungsländer vornimmt. Solche programmspezifischen Entscheidungen brauchen jedoch einen Rahmen, denn nur so können sie schnell und im Einklang mit den langfristigen Beschaffungszielen getroffen werden. Gefragt ist also ein strategisch definiertes Länderportfolio. Dazu sind folgende Fragen zu beantworten: Sind die richtigen Länder in unserem Portfolio? Wie soll unser Einkaufsvolumen im Optimalfall auf diese Länder verteilt werden? Ist die richtige Anzahl von Ländern in unserem Portfolio?

Die ersten beiden Fragen können die Unternehmen mit Hilfe der oben beschriebenen Kriterien individuell beantworten. Diese Kriterien helfen also nicht nur dabei, Entscheidungen des Tagesgeschäfts zu treffen, sondern auch, die grundsätzliche unternehmensspezifische

Linie zu ziehen. Zudem können Unternehmen ihr Portfolio mit internationalen Handelsströmen abgleichen, und sie sollten die Kostenindizes der einzelnen Beschaffungsländer vergleichend analysieren – so sehen sie, wie plausibel ihre aktuelle Länderauswahl sowie der Split des Einkaufsvolumens je Produktkategorie beziehungsweise Sortimentsbestandteil auf die einzelnen Beschaffungsländer sind.

Auch die Frage nach der richtigen Anzahl der Beschaffungsländer können die Unternehmen nur individuell beantworten:

- Für *wenige Länder* sprechen geringe Komplexitätskosten sowie zu erwartende Rabatte durch eine Volumenbündelung bei den Lieferanten.

- Wer in *vielen Ländern* beschafft, profitiert von geringen Ausfallrisiken und Abhängigkeiten sowie einer hohen Kostenflexibilität.

Die meisten der von uns befragten Händler planen eine Konsolidierung ihres Länderportfolios, vor allem, um interne Kosten wie etwa den Reiseaufwand zu sparen. Sie möchten im Sinne eines „One-Stop Shopping" aus den jeweiligen Ländern möglichst viele Produktkategorien beziehen.

Ein nordamerikanischer Premiumhändler nennt als wichtigste Hauptmotivation mengenbedingte Größenvorteile: „In der Vergangenheit mussten wir uns wegen ungünstiger Quotenregelungen in zu vielen Ländern engagieren. Wenn wir jedoch angemessene Economies of Scale erzielen wollen, müssen wir unser Einkaufsvolumen auf wenige Lieferanten in ausgewählten Ländern verteilen. Deshalb führen wir aktuell ein Programm durch, um unsere Beschaffungsländer zu konsolidieren. Hauptsächlich betroffen sind Kambodscha, Malaysia, Saipan und Macau: Hier haben wir sehr viel produzieren lassen, ziehen uns jedoch nun zurück. Oft liegt es nur an der Logistik: Saipan etwa ist unglaublich ineffizient – hier wird einfach zu wenig produziert, um eine konstante Logistik zu etablieren, zum Beispiel legen Schiffe nicht jeden Tag ab. Und Macau halten die Zollbehörden für einen reinen Transshipment-Standort, obwohl wir genau wissen, dass die Waren tatsächlich dort produziert werden. Das setzt unsere Produkte einem zu großen Risiko aus."

Dennoch beschränkt sich keiner der befragten Händler, die in Asien beschaffen, auf China allein. Durch Ausweichen auf andere asiatische Länder will man unter anderem Lieferausfälle vermeiden. Grundsätzlich ist dabei zu beachten, dass man sein Einkaufsvolumen entsprechend der Risikoprofile unterschiedlicher Regionen streut.

Ein europäischer Young-Fashion-Anbieter sagte uns dazu: „Wir legen Wert auf eine regionale Balance, zum Beispiel zwischen Indonesien und China. Indonesien war schon immer quotenfrei und hat eine andere religiöse und politische Struktur als China. Wenn es also in China knallt, muss es deshalb in Indonesien nicht auch knallen, und umgekehrt." Ein anderer europäischer Händler sieht das ähnlich: „Low-Cost-Länder sind in der Regel mit vielen Risiken verbunden. Deshalb muss es möglich sein, flexibel zwischen den Beschaffungsländern zu wechseln." Dieses Prinzip hat auch viel mit dem Wunsch nach Kostenflexibilität zu tun: Man will sich von Währungsentwicklungen unabhängig machen.

Neben dem „Streuen" von Volumina haben Unternehmen noch weitere Möglichkeiten, ihre Risiken zu minimieren:

- *Für eine flexible Lieferantenbasis sorgen:* Die Beziehungen zu potenziellen Lieferanten in risikoarmen Ländern sollten ständig gepflegt werden. So kann man schnell auf alternative Quellen zurückgreifen, wenn die bevorzugten Produzenten in Risikoländern eingeschränkt oder gar nicht liefern können.

- *Die Rechtslage im Auge behalten:* Unternehmen sollten sicherstellen, dass sie stets über alle rechtlichen Entwicklungen ausreichend informiert sind, um ihre Beschaffungsstrategie entsprechen nachjustieren zu können.

- *Lobbyarbeit leisten:* Wer die politischen Entscheidungswege und Entscheidungsträger kennt, kann einen gewissen Einfluss geltend machen.

Weitere Entwicklung der Beschaffungsmärkte: China bleibt vorerst Spitzenreiter

Ein strategisches Portfolio von Beschaffungsländern ist zwar länger-fristig angelegt, aber nicht fest zementiert. Denn da sich die Länder schnell verändern können, variiert auch das Ausmaß, in dem sie die Kriterien für die Länderwahl erfüllen.

Nach wie vor ist China die unangefochtene Nummer eins für die Be-schaffung der Bekleidungswirtschaft, und nach Einschätzung der meisten befragten Unternehmen wird das Land seine Spitzenposition zumindest in den nächsten Jahren noch ausbauen. Denn es bietet nun einmal eine einzigartige Kombination an Vorteilen: ausreichend ver-fügbare Rohstoffe, ein riesiges Angebot an günstigen Arbeitskräften, das relevante Know-how und die volle Abdeckung der Produktpalet-te. Und selbst wenn die örtlichen Lohnkosten steigen, dürfte das durch die „Produktivitätsrevolution" ausgeglichen werden, mit der für die nächsten Jahre zu rechnen ist. Treibende Kräfte werden eine verstärkte Konsolidierung und weitere Vertikalisierung der Lieferan-ten sowie zunehmende Maschineninvestitionen sein.

China: Kampf um Kapazitäten

Wie bereits erwähnt, ist in China aber schon heute ein harter Kampf um Fertigungskapazitäten zu beobachten. Der Abzug klei-nerer Unternehmen mit geringerer Nachfragemacht ist bereits in Gang. Ein führender südamerikanischer Händler, der dennoch im weltweiten Vergleich ein eher kleines Einkaufsvolumen hat, zieht für sich die Konsequenzen: „Wir werden uns in Zukunft aus China zurückziehen – nicht weil China zu schlecht wäre, sondern para-doxerweise, weil es das beste Beschaffungsland ist. Denn die Quo-ten fallen, alle großen Unternehmen gehen nach China, und China wird immer teurer. Als kleines Unternehmen werden wir bald keine Lieferanten mehr finden. Aber wir haben noch mindestens fünf an-genehme Jahre in China vor uns – ohne Quoten für uns, aber mit Quoten für andere."

Längerfristig wird man sich in China allerdings intensiver mit der Frage beschäftigen, ob vorrangig der heimische Markt oder der Weltmarkt mit Ware versorgt werden soll. Kurz nach dem zwischenzeitlichen Quotenfall haben zwar viele chinesische Firmen ihren Exportanteil hochgefahren, das kann aber auch in die andere Richtung umschlagen. Laut dem Verband der chinesischen Textilwirtschaft erwirtschaftet schon heute über die Hälfte der Textilanbieter beim Export keine ausreichende Rendite mehr. Gleichzeitig ist die inländische Kaufkraft im stetigen Anstieg begriffen, und die europäischen und amerikanischen Quoten werden ein Übriges tun, um die Bevorzugung des Binnenmarktes durch die Produzenten zu fördern. Wie die Entwicklung weiter verlaufen kann, sieht man in Brasilien: Die dortigen Produzenten beliefern heute fast nur heimische Abnehmer.

Hinzu kommt, dass sich China zunehmend gezwungen sehen wird, höhere Umweltstandards einzuhalten, was wiederum die Kosten in die Höhe treibt. Ein europäischer Händler sieht zudem ein demografisches Problem auf Chinas Bekleidungsbranche zurollen: „Die Ein-Kind-Politik wirkt sich dramatisch auf die chinesische Bevölkerungsentwicklung aus: Wir haben es mit einer alternden Gesellschaft zu tun. Der Anteil junger Menschen nimmt immer weiter ab, wobei die Jungen dann lieber im Hightech-Bereich arbeiten als in einer Näherei."

Aktuell stellt sich den Händlern in China vor allem ein Problem: die Kostensteigerungen im Süden des Landes. Dazu ein nordamerikanischer Händler: „Südchina ist sehr teuer geworden, und die Fabriken haben jetzt Probleme, qualifizierte Mitarbeiter zu finden. Wir engagieren uns momentan noch zu sehr in Asien, vor allem in China. Deshalb planen wir zu diversifizieren. Dazu gehört auch, dass wir unsere Vorlaufzeit verkürzen – wir müssen mit unserer Beschaffung näher an die USA heranrücken und beispielsweise nach Südamerika gehen."

Fürs Erste wandert nun die „Karawane" entlang des Küstengürtels in Richtung Peking. Einen Quantensprung in puncto Kosten würde aber erst der Vorstoß nach Zentralchina ermöglichen: Dort betragen die

Lohnkosten nur ein Drittel derer in Südchina, zum Teil liegen sie noch niedriger. Derzeit stehen diesem Vorstoß allerdings noch zwei Hürden im Weg: Zum einen muss die Qualität der Fertigung in Zentralchina auf das Level der Küstenregion steigen; zum anderen ist die Infrastruktur und die Anbindung an die Küstenregion noch sehr schlecht, was zu enormen Zeitverlusten führt.

Ein nordamerikanischer Händler ist in dieser Hinsicht dennoch optimistisch: „Wenn alle Handelsquoten für China vollständig fallen würden, könnte man dort kurzfristig sehr viel mehr beschaffen. Denn ein riesengroßer Teil des Landes ist noch gar nicht entwickelt, was dann aber geschehen würde. China bietet ein außerordentlich großes Potenzial. Wie bei jedem Schwellenland geht es zuerst um die Infrastruktur. Sobald es ein ausgebautes Straßennetz gibt, kann die Ware vom Landesinneren leicht zu einem Hafen transportiert werden. In der Vergangenheit hat China gezeigt, dass es diese Infrastruktur aufbauen kann. Meiner Meinung nach wird man das auch weiterhin verlässlich tun."

Auf dem Vormarsch: Indien

China wird also auch in Zukunft als Beschaffungsmarkt eine maßgebliche Rolle spielen. Doch welche Länder werden sich voraussichtlich ein größeres Stück vom Kuchen abschneiden können?

Der größte Favorit ist nach Einschätzung der befragten Unternehmen Indien, auch wenn laut einigen Händlern die Qualität dort „noch kritisch" ist. Anlass zur Hoffnung gibt vor allem, dass in Indien, einem vormals stark fragmentierten Markt, derzeit große industrielle Strukturen entstehen. Ein Untersuchungsteilnehmer verglich Indien mit „China vor zehn bis fünfzehn Jahren". Gerade wenn sich die Kapazitäts- und Kostensituation in China weiter verschlechtert, wird Indien mittel- bis langfristig allgemein als großer Gewinner gehandelt. Ein südamerikanischer Händler sagte uns über seine Pläne: „Wir werden in der Zukunft nach Indien gehen. Aktuell sind die Inder jedoch noch sehr unzuverlässig, was die Liefertermine angeht. Außerdem ist weder die Qualität konsistent, noch gibt es die gleichen

Skills wie in China. Trotzdem: Als bevölkerungsreiches Land mit niedrigem Lohnniveau bietet Indien gute Ausgangsbedingungen."

Das gleiche Unternehmen sieht auch Länder in Südamerika im Kommen: „Wir könnten noch mehr in Peru einkaufen. Hier gibt es gute Qualität, zum Beispiel fantastische Baumwolle. Leider sind die Lieferanten dort noch sehr unzuverlässig."

Europäische Händler sehen zudem in Osteuropa lukrative Chancen. So auch ein Young-Fashion-Anbieter: „Bei uns geht der Trend bei der Konfektionsware in Richtung Osteuropa. Länder wie die Ukraine oder Rumänien sind dabei, sehr viel Positives anzustoßen." Ein anderer europäischer Händler nennt Usbekistan: „Dort sind wir aktuell noch nicht aktiv, aber möglicherweise in der Zukunft. Heute ist Usbekistan noch zu wenig entwickelt und das Land hat keine Erfahrung im internationalen Geschäft, aber es verfügt über Skills, Rohmaterial sowie über hervorragende, moderne und große Maschinenparks."

Die Länder Südostasiens werden von den meisten der befragten Händler sehr kritisch betrachtet. Vor allem, wenn die China-Quoten endgültig fallen sollten, würden sie erst einmal deutlich Marktanteile verlieren. Dazu ein nordamerikanischer Händler: „Wenn China weiter wächst, wird sich das vor allem auf die Länder negativ auswirken, die heute nur deshalb in der engeren Wahl sind, weil die Arbeit hier sehr günstig ist. Denn sobald es in China keine Quoten mehr gibt, werden wir dorthin wechseln, selbst wenn die Arbeitskosten in den südostasiatischen Ländern niedriger bleiben sollten." Und der Vertreter eines europäischen Young-Fashion-Unternehmens meinte dazu: „Noch in den letzten Jahren hat Bangladesch regelrecht geboomt. Jetzt ist die Lage dort katastrophal – das Volk begehrt auf, und der Markt ist für die nächsten Jahre nur noch sehr schwer einschätzbar. Außerdem ist er schon seit einiger Zeit deutlich überbucht, und die Lieferanten werden immer unzuverlässiger."

Was Afrika angeht, so sind sich alle befragten Händler einig: Der Schwarze Kontinent dürfte zumindest in absehbarer Zukunft keine wesentliche Rolle als Beschaffungsmarkt spielen.

Auswahl der Beschaffungsländer: Interviewpartner schildern ihre Praxis

YOUNG-FASHION-LABEL EINER EUROPÄISCHEN WARENHAUSKETTE

Nähe und Kreativität sind Trumpf

Dieser Anbieter konzentriert seine Beschaffung vor allem auf die Türkei, bezieht aber aus Kostengründen auch Subunternehmer in Osteuropa in sein Kalkül mit ein. Begeistert ist er von der Arbeitsqualität in Korea; dennoch will er – wiederum wegen der Kosten – das asiatische Einkaufsvolumen in China bündeln.

„Die Türkei ist für unser junges Segment der attraktivste Beschaffungsmarkt. Dafür gibt es zwei Hauptgründe: Die türkischen Produzenten sind kreativ, und die Türkei bietet im Vergleich zu China einen Zeitvorteil von vier bis fünf Wochen. Zudem sind in der Türkei auch alternative Bewirtschaftungsformen möglich: Türken können dazu einfach Firmen in Mitteleuropa gründen, ganz im Unterschied zu den Asiaten. Bangladeschis zum Beispiel dürfen kein Geld ausführen und haben deshalb diese Möglichkeit nicht. Allerdings hat die Türkei in letzter Zeit etwas an Attraktivität eingebüßt: Die Lira hat sich sehr schlecht entwickelt, die Energiekosten sind gestiegen – die Türkei zählt momentan zu den Ländern mit den höchsten Energiekosten weltweit. Zudem steigen die Löhne, weil die Türkei immer näher an Europa ‚rückt'. Deshalb verlagern wir einen immer größeren Anteil unserer Produktion von Istanbul nach Anatolien. Allerdings: Je weiter wir uns von Istanbul entfernen, desto schlechter qualifiziert sind die Arbeitskräfte. Interessant ist für uns aber auch die Kombination türkischer Lieferant und Subcontracting-Partner in Bulgarien oder Rumänien. So erzielen wir ein deutlich besseres Kostenniveau und profitieren trotzdem von der Kreativität der türkischen Fabrikanten.

Korea ist für uns ebenfalls sehr interessant. Das Personal dort arbeitet sehr detailgenau. Und wenn wir von den Koreanern einen Preis zugesagt bekommen, dann gilt der auch. Auch die Liefertreue der Produzenten und die Qualität unseres eigenen Büros – alles ist dort ausgesprochen gut. Korea ist momentan qualitativ das beste Land in unserem Portfolio!

Auch China spielt für uns eine wichtige Rolle. Die chinesischen Produzenten tun sich zwar mit unseren kleinen Stückzahlen etwas schwer, sie bieten aber dennoch gigantische Preisvorteile. Zudem ist China politisch stabil, im Gegensatz etwa zu Thailand, Pakistan und Indonesien. Die Einfuhrquoten für Produkte aus China haben jedoch dazu geführt, dass wir enorm viel aus China ausgelagert haben; wir beziehen keine Pullover mehr von dort. Jetzt wollen wir jedoch unser Länderportfolio konsolidieren, um interne Kosten wie Reisekosten zu sparen – und dabei setzen wir vor allem wieder auf China."

NORDAMERIKANISCHE WARENHAUSKETTE

Möglichkeiten zur Zollbefreiung nutzen

Das Unternehmen bezieht seine Artikel auch aus Ländern und Regionen, die nicht zur weltweiten Spitzengruppe der Beschaffungsmärkte gehören. So etwa aus dem Nahen Osten, denn hier existieren Handelsabkommen mit den USA. Trotz staatlicher Förderung sind die afrikanischen Länder südlich der Sahara für den Händler uninteressant. Auch Mexiko ist für ihn nicht attraktiv, weil es dem Land nicht gelingt, seine im Grunde guten Voraussetzungen (wie die Nähe zu den USA) erfolgreich für sich zu nutzen.

„Aus Jordanien und Ägypten beziehen wir sehr viel Ware, weil wir aus diesen Ländern zollfrei in die USA einführen können: Unter dem israelischen Freihandelsabkommen mit den USA gibt es in beiden Ländern so genannte ‚Qualified Industrial Zones'; lediglich ein Teil der Wertschöpfung muss in Israel stattfinden. Meist kommt nur das Verpackungsmaterial von dort. Allerdings müssen nach Jordanien und Ägypten sehr viele Arbeitskräfte ‚importiert' werden – das ist aus Sicht nichtstaatlicher Organisationen ein rotes Tuch und deshalb für uns ein Risiko.

Den südlichen Teil Afrikas sehen wir eher kritisch: Zwar wird die gesamte Region durch den African Growth and Opportunity Act (AGOA) gefördert, doch die Produktivität lässt hier sehr zu wünschen übrig. Gegen die Region spricht außerdem, dass es keine Infrastruktur für die Stoffherstellung gibt und die Arbeitskräfte im Durchschnitt sehr gering qualifiziert sind.

Mexiko ist für uns ebenfalls nicht interessant – auch dort ist die Produktivität sehr gering. Vor allem dauert alles sehr lange! Denim bekommen wir schneller in China produziert und von dort geliefert als aus Mexiko. Dort gibt es keine Infrastruktur für Stoffproduktion, und den Leuten fehlt ein wenig das Gefühl für Dringlichkeit. Außerdem stehen uns als Ansprechpartner nur die Besitzer der Firmen zur Verfügung. Zu den Fabriken selbst haben wir keinen direkten Kontakt; und leider gibt es hier auch kein mittleres Management, das schnell wichtige dezentrale Entscheidungen treffen könnte. Hinzu kommt, dass die Produktqualität oft nicht konsistent ist und dass die Zuverlässigkeit zu wünschen übrig lässt, weil es oft keine professionelle Planung gibt."

EUROPÄISCHER MARKENANBIETER IM LUXUSSEGMENT

Produktkompetenz entscheidet

Der Luxusmarkenanbieter achtet, da er einen hohen Qualitätsanspruch hat, bei der Länderwahl vor allem auf überzeugende Fertigungskompetenz für das betreffende Produkt. Trotz der Positionierung im Luxussegment spielt die Herkunft der Waren eine immer geringere Rolle.

„Bei der Länderwahl sind für uns die technischen Anforderungen des Produkts und somit das Know-how im Beschaffungsmarkt entscheidend. Deshalb haben wir uns in jeder Region pro Produktfamilie ein spezialisiertes Kompetenz-Cluster aufgebaut – das heißt, einen regionalen Lieferantenpool mit den speziell benötigten Fähigkeiten. Ein solches Cluster gibt es beispielsweise für schlichtere Stoffhosen in Rumänien oder für Hosen mit mehr Gestaltungsdetails in der Türkei. Oft decken wir auch eine Produktfamilie mit mehreren Kompetenz-Clustern ab. So haben wir geringere Risiken und können bei Bedarf auch größere Volumina produzieren. Ansonsten fertigen wir bevorzugt in den Ländern, aus denen die Rohmaterialien stammen, sofern die Rohware dort gut weiterverarbeitet werden kann.

Ein maßgebliches Kriterium bei der Länderwahl sind auch die jeweiligen Handelsbarrieren. Beispiel Südamerika: Wer seine Produkte dort verkaufen will, sollte bei der Fertigung nicht ausschließlich auf Asien setzen, weil die südamerikanischen Märkte stark abgeschottet sind. Das gilt vor allem für Argentinien. In Mexiko wiederum gibt es nichtmonetäre Handelshemmnisse: Produkte, die dort verkauft werden sollen, brauchen ein ‚Annex 3' mit der Unterschrift des mexikanischen Botschafters im Produktionsland. Das Problem dabei ist, dass man den zuerst einmal ausfindig machen muss. Selbst die mexikanischen Importbehörden wissen nicht immer, wer das gerade ist, weil sie oft veraltete Daten haben.

Aus welchem Land unsere Produkte kommen, spielt für unsere Kunden allerdings eine immer geringere Rolle – das Country-of-Origin-Problem löst sich nach und nach auf. Dennoch muss man hier noch etwas differenzieren: Je teurer die Produkte sind und je geringer das Entwicklungsniveau des Absatzlandes, desto wichtiger ist das Herkunftsland. Chinesen beispielsweise achten noch sehr stark auf das Herkunftsland, Osteuropäer tendenziell auch; einen Amerikaner interessiert das Herkunftsland fast nicht mehr, und die westeuropäischen Kunden verhalten sich hier sehr unterschiedlich. Um so flexibel wie möglich zu sein, haben wir den strategischen Entschluss gefasst, bei der Wahl unserer Beschaffungsmärkte nicht nach deren vermeintlichen Imagewerten zu fragen. Wir verfolgen die Philosophie eines 'Made by Us', denn wir stellen sicher, dass wir unsere hohen Produktstandards weltweit überall einhalten."

4 Lieferantenmanagement: Erfolg braucht leistungsstarke Partner

Der Beschaffungserfolg steht und fällt mit der Leistungskraft der Lieferanten. Nur wenn diese günstig, schnell und gut sind, können Einzelhändler und Markenanbieter ihr Leistungsversprechen am Point of Sale einlösen. Direktlieferanten spielen dabei eine besondere Rolle, denn mit ihnen hat man die besten Möglichkeiten, die Wertschöpfung lukrativ zu gestalten. In diesem Kapitel erfahren Sie, wie Sie die richtigen Lieferanten auswählen, Aufträge wirkungsvoll managen, Ihre Lieferanten objektiv bewerten und durch eine gezielte Lieferantenentwicklung aus guten Produzenten hervorragende Partner machen.

Auswahl der (Direkt-)Lieferanten: Die Suche nach der Nadel im Heuhaufen

Je nach Gestaltung der Wertschöpfungskette arbeiten Händler mit drei Typen von Lieferanten zusammen: Erstens mit Intermediären (dazu gehören klassische Importeure für das Gesamtprodukt ebenso wie Agenten, welche oft nur Einzelaufgaben wie beispielsweise die Lieferantenauswahl übernehmen); zweitens mit Direktlieferanten – also den Produzenten der Materialien und der Bekleidungsprodukte; drittens mit Dienstleistern, die sich auf bestimmte Funktionen spezialisieren (wie beispielsweise Design, Qualitätssicherung oder Logistik).

Dieses Kapitel beschäftigt sich vor allem mit dem Management von Direktlieferanten – denn wir gehen von der Prämisse aus, dass Händler (und Markenanbieter) ihre Wertschöpfungskette so weit als möglich selbst gestalten. Nachrangig ist für die folgenden Ausführungen hingegen, ob man von diesen Direktlieferanten im Vollkauf- oder CMT-Modus bezieht.

Die Auswahl von Direktlieferanten ist ein umfassender Prozess, der in zeitlich und logisch aufeinander folgenden Schritten verläuft:

1. Als Erstes ist ein Pool von Lieferanten zu definieren, die grundsätzlich in Frage kommen.

2. Anschließend werden für den fraglichen Zeitraum Lieferanten (vor-)ausgewählt.

3. Von diesen werden Angebote und Muster eingeholt und der beste Kandidat ausgewählt (im Fall einer geteilten Pull-Order, bei welcher die Erstorder z.B. aus China stammt, die Nachorder z.B. aus der Türkei, handelt es sich um mehrere Lieferanten).

4. Falls die Informationen über diesen Lieferanten unzureichend oder nicht mehr aktuell sind, sollte er zunächst auditiert werden.

5. Fällt dieser Check positiv aus, kann der Auftrag erteilt und somit die voraussichtlich benötigte Fertigungskapazität gebucht werden.

1. Definition des Lieferantenpools

Um im konkreten Fall schneller entscheiden zu können, welcher Lieferant für welchen Auftrag am besten geeignet ist, ist eine Vorauswahl äußerst hilfreich. Die Basis dafür liefern die bereits angesprochenen Sortimentsentscheidungen, aus denen das Unternehmen auch seine Lieferkettenstrategie (Kapitel 2) sowie sein Länderportfolio (Kapitel 3) abgeleitet hat. Im Rahmen der Lieferantenwahl sind davon vor allem folgende Einflussgrößen relevant:

- Anteile der vier grundlegenden Teilsortimente (Basics / NOS, Themenware / Kollektionen, Fast Fashion / Flashes, Promotions / Aktionen),

- modische Ausrichtung (Anteil topmodischer, gemäßigt modischer und „Standard"-Artikel im Sortiment),

- Anzahl der Modelle je Produktkategorie (z.B. Tops-Bottoms-Ratio),

- Anteile nach demografischen Zielgruppen (Damen, Herren, Kinder),

- Frequenz der Sortimentsupdates.

Eine weniger wichtige Rolle spielt hingegen die festgelegte Preisstruktur des Sortiments für die Ausgestaltung des Gesamtportfolios an Lieferanten: Sie kommt vor allem im Produktdesign sowie bei der Auswahl der Beschaffungsländer zum Tragen.

Auf Basis der getroffenen Festlegungen zu den oben genannten Punkten lässt sich dann bestimmen, über welche Fähigkeiten potenzielle Lieferanten grundsätzlich verfügen sollten: Je nachdem, wie hoch beispielsweise der Modegrad anzusiedeln ist und ob es um Shirts oder Anzüge geht, brauchen die Produzenten besondere Fähigkeiten im Weben, Stricken, Nähen, Färben, Waschen, Bedrucken und so weiter. Unter Umständen gehört auch das Design dazu.

Neben den genannten Fähigkeiten müssen die Lieferanten auch ausreichende Kapazitäten aufweisen. In diesem Zusammenhang stellt sich auch die Frage, wie viele Lieferanten zur Abdeckung der benötigten Mengen vorgehalten werden sollten. Die Antwort darauf ist nicht leicht, denn es gilt, zwei grundsätzliche Überlegungen gegeneinander abzuwägen – ähnlich wie schon bei der Gestaltung des Länderportfolios:

- Eine bessere *Risikostreuung* ist zu erreichen, indem man eine größere Anzahl von Lieferanten ins Portfolio nimmt und sich nicht von einzelnen abhängig macht. Dies führt weiterhin zu erhöhtem Wettbewerb zwischen den Lieferanten.

- Attraktive *Mengenrabatte* hingegen kann man aushandeln, wenn das Einkaufsvolumen auf möglichst wenige Lieferanten verteilt wird. Auf der Ebene der einzelnen Produkte kommt ein weiteres Argument hinzu: Um von unterschiedlichen Lieferanten identische Produkte zu erhalten, muss erheblich mehr Aufwand für Qualitätssicherung und -kontrolle betrieben werden.

Im Rahmen einer Professionalisierung der Einkaufsorganisationen, und einhergehend mit dem Aufkommen von „Mega-Lieferanten" (wie Luen Thai und anderen) werden sich die Einzelhändler und Markenhersteller künftig zunehmend auf wenige, professionelle Langfristpartner konzentrieren.

Steht einmal fest, wie viele Lieferanten mit welchen Fähigkeiten benötigt werden, gilt es, die richtigen Partner zu finden. Das Knowhow über besonders attraktive Lieferquellen gehörte lange Zeit zu den am besten gehüteten Geheimnissen der Branche und war ein echtes Differenzierungspotenzial. Hier hat das Internet viele Barrieren aufgehoben. Alleine auf „China.com" sind über 10.000 Lieferanten registriert.

Häufig kann aber auch intern vorhandenes Wissen genutzt werden: So besitzen neue Mitarbeiter, die zuvor bei einem Wettbewerber tätig waren, in der Regel hilfreiche Informationen über dessen Lieferanten für ein bestimmtes Produkt. Auch befreundete Unternehmen und Branchenverbände werden bei der Suche nach geeigneten Ansprechpartnern behilflich sein. Weiterhin empfiehlt sich der Besuch von Messen und neu aufgebauten Entwicklungszentren, um Kontakte anzubahnen. Ergänzend können Anzeigen in Zeitungen und Fachmagazinen das Interesse potenzieller Lieferanten wecken. Nicht selten kommen Lieferanten unaufgefordert auf Einzelhändler und Markenanbieter zu. Auf diese Weise entsteht eine Liste potenzieller Partner. Jeder Name, der vielversprechend erscheint, wird genau überprüft – beispielsweise, indem Mitarbeiter des zentralen Einkaufs oder der örtlichen Einkaufsbüros die betreffende Region bereisen.

Mit der Zeit wird sich das Portfolio an grundsätzlich geeigneten Lieferanten anders zusammensetzen, denn die Auswahl muss natürlich regelmäßig überprüft werden. Häufig führt daran gar kein Weg vorbei, wie uns ein lateinamerikanischer Händler erläuterte: „Wir tauschen unsere Lieferanten etwa alle fünf Jahre aus. Es ist sehr unüblich, 20 Jahre lang mit dem gleichen Partner zusammenzuarbeiten. Denn: Wenn man einen guten Lieferanten ausfindig macht, entdeckt ihn auch Zara und platziert bei ihm Aufträge. Dann sind wir für ihn vielleicht nicht mehr interessant genug als Auftraggeber." Wobei der Austausch selbst mitunter auch seine Zeit dauert. Dazu ein nordamerikanischer Markenhersteller: „Von einem Jahr auf das andere tauschen wir keinen der großen Lieferanten aus, denn sie brauchen schon etwas Zeit, um unsere spezifischen Qualitätsanforderungen zu verstehen und sich danach zu richten." Im Jahresdurchschnitt tauschen fast alle Unternehmen aus unserer Erhebung 5 bis 20 Prozent ihrer Lieferanten aus (Abbildung 4.1)

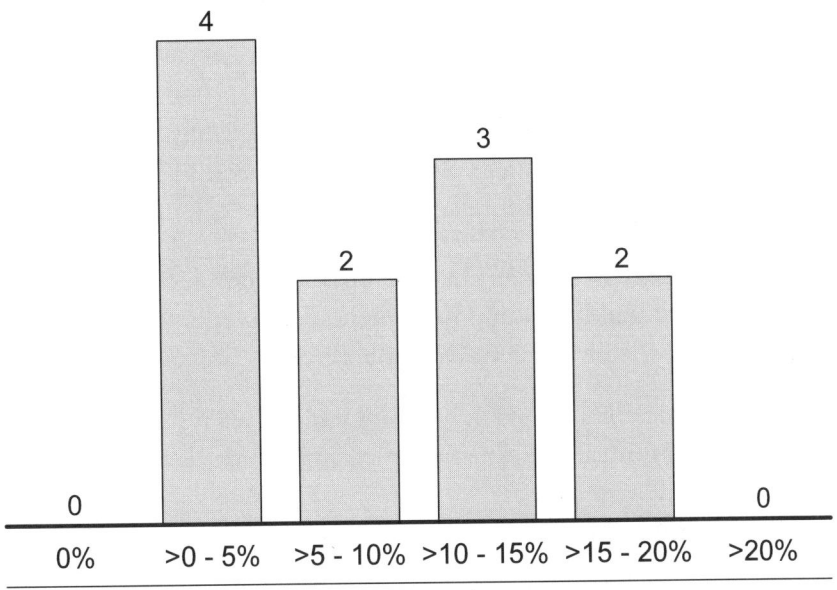

Jährliche Austauschquote der Lieferanten im Portfolio

Abb. 4.1. Austausch von Lieferanten für Bekleidungsprodukte (Anzahl der Unternehmen; insgesamt 11 Antworten)

2. Engere Wahl für den konkreten Auftrag

Nun geht es darum, für einen konkreten Auftrag die bestgeeigneten
Lieferanten in die engere Wahl („Shortlist") zu nehmen. Basis dafür
sind vor allem die Produktspezifikationen: Aus den konkreten Vorgaben zu den gewünschten Stoffen, Farben, Schnitten, Größensätzen
und Accessoires ergibt sich, wie komplex das zu beschaffende Produkt ist und welche Fertigungstechnologien der Fabrikant folglich
beherrschen muss. Ein weiteres Kriterium kann sein, wie kurzfristig
vor dem Verkaufsstart im Laden noch mit Produktänderungen zu
rechnen ist – sollen beispielsweise T-Shirts last-minute bedruckt
werden, um trendnah zu sein? Das wird nicht jeder Lieferant in glei-
chem Maße gewährleisten können.

Anhand dieser Vorgaben erstellt die Beschaffung eine Liste von
Kandidaten, die in den Angebots- und Bemusterungsprozess einbezogen werden sollen. Wichtiges Kriterium ist hier erstmal die Qualität: Es gilt vor allem dann als „vorläufig" erfüllt, wenn ein Lieferant
das gleiche oder ein ähnliches Produkt schon einmal erfolgreich geliefert hat und somit über eine gute Scorecard verfügt.

Den Lieferanten der Shortlist übermittelt die Beschaffung dann konkrete Vorgaben, die aus dem Sortimentierungs- und Designprozess
für das fragliche Programm resultieren – wie vor allem:

- *Produktspezifikationen:* Das können Skizzen, technische Zeichnungen, Stücklisten und dergleichen sein, oder auch intern ge-
  fertigte Muster aus dem Designbereich.

- *Preispunkt:* Eine mögliche Vorgabe der Merchandiser könnte
  sein, dass ein Poloshirt im Laden maximal 19,99 Euro kosten
  darf.

- *Stückzahl und Steuerlogik:* Wenn voraussichtlich 20.000 Polohemden benötigt werden – sollen alle sofort geordert werden
  oder erst einmal eine Teilmenge zum Test?

- *Verkaufszeitraum und Grad der Verbindlichkeit:* Produkte, bei
  denen Kunden mit einem taggenauen Verkaufsstart rechnen –

wie etwa bei Promotions –, müssen zum avisierten Termin auch in den Läden sein.

- *Qualitätsanforderungen:* Hier geht es beispielsweise um Vorgaben in Bezug auf die Farbechtheit und Waschbarkeit der Stoffe.

Wird das Design extern durchgeführt, erhält die Beschaffung keine endgültigen Produktspezifikationen für die Kommunikation mit den Produzenten. Stattdessen kann den Einkäufern als Output des Sortimentierungsprozesses – und als Input für das weitere Fashion Design seitens des externen Partners – ein „Mood Board" zur Verfügung gestellt werden, das den Lieferanten relevante Trendinformationen liefert und die gewünschte Anmutung des Programms visuell darstellt.

3. Einholung von Angeboten und Mustern

In diesem Schritt gilt es nun, aus der Shortlist den besten Kandidaten für den Auftrag zu ermitteln. Mitunter kommt ohnehin nur ein einziger in Frage; meist ist das ein Partner, mit dem man langfristig zusammenarbeitet oder zusammenarbeiten möchte. Von diesem wird dann ein Angebot angefragt. Gibt es aber mehrere Kandidaten, die gleich gut geeignet erscheinen, wird meist eine geschlossene Ausschreibung durchgeführt. Bei Programmen, die innerhalb des Sortiments keine strategische Bedeutung haben (wie etwa anlassbezogene Promotions), wird man eventuell auch an eine offene Ausschreibung denken, an der sich auch Lieferanten außerhalb des Pools beteiligen können.

Stehen dabei die Kosten im Vordergrund, wird die Ausschreibung mit einer Auktion verbunden, und der günstigste Anbieter gewinnt. Dazu ein nordamerikanischer Händler: „Wir arbeiten heute kaum mit Auktionen, da wir sehr spezifische Anforderungen haben. Aber sie sind schon ein großartiges Tool, um Preise und Lieferzeiten zu reduzieren. Außerdem schaffen sie eine unglaubliche Transparenz. Wenn wir Basics nachordern müssten und nicht so komplexe Materialien verwenden würden, würden wir Auktionen durchaus in Betracht ziehen. Vielleicht werden sie später einmal wieder für uns relevant."

Weiterhin werden die Lieferanten der Shortlist um Vorlage eines *Kaufmustervorschlags* in der gewünschten Größe gebeten (basierend auf den Spezifikationen oder einem intern erstellten Muster; siehe oben). Dieses Gegenmuster wird dann hinsichtlich diverser mehr oder weniger objektiver Kriterien wie Farbechtheit, Waschbarkeit, Passform und Haptik geprüft. Die Kosten des Kaufmustervorschlags trägt in der Regel der Hersteller. Da Kaufmustervorschläge sehr teuer sind, können sie nur bei ernstzunehmenden Produktanfragen abgefragt werden. Manchmal ist alleine schon die Kaufmusterabfrage eine „bindende" Angelegenheit – nicht juristisch, aber wirtschaftlich, auch wegen der möglicherweise geheimen Produktinformation. Auch die Einhaltung aller sicherheits- und gesundheitsrelevanten Vorgaben – seien es gesetzliche Normen, Industriestandards oder unternehmensspezifische Vorgaben – ist zu prüfen. Sie spielt vor allem bei Kleidung für Kleinkinder eine wichtige Rolle: Hier müssen Knöpfe so sicher sitzen, dass sie nicht ohne weiteres abgerissen und verschluckt werden können, und beim Nuckeln am Stoff dürfen sich keine Fasern oder chemischen Substanzen herauslösen. Ein europäischer Händler sagte uns dazu: „Bei allen Stoffen müssen wir wissen, aus welchen Märkten sie stammen, aus welchen Rohstoffen sie bestehen, welche Farbe sie haben. Daraus ergibt sich, mit welchen Chemikalien zu rechnen ist." Dies wird zunehmend gesetzlich reglementiert – so unter anderem durch die neue EU-Verordnung REACH, die im Juni 2007 in Kraft getreten ist.

Direkt einkaufende Händler prüfen die Muster in der Regel selbst, entweder in der Zentrale oder – besonders bei zeitkritischen Produkten wie Fast Fashion – im örtlichen Einkaufsbüro. Sinnvollerweise werden die betreffenden Designer und eventuell auch die Sortimentierer in die Bemusterung einbezogen.

Mit den Lieferanten, die ein abnahmefähiges (die Spezifikationen erfüllendes) Muster – jetzt *Kaufmuster* genannt – vorlegen konnten, tritt man nun in konkrete Verhandlungen über den Preis, die sonstigen Konditionen (wie den Eigentumsübergang, die Übernahme des Warenrisikos, die Rabattstaffelung) sowie die formalen Regelungen (Kennzahlen für die Vertragserfüllung, Boni und Vertragsstrafen) ein. Im Zusammenhang mit der Übernahme des Warenrisikos ist vor allem festzulegen, in welchem Umfang nicht verkaufte Ware an den Lieferanten zurückgegeben werden kann – was vor allem für Programme interessant ist, deren Abverkaufschancen nur schwer eingeschätzt werden können; so etwa bei hochmodischen Produkten. Vor allem große Importeure und „Mega-Lieferanten" bieten diese Möglichkeit.

Der Lieferant, der nach der letzten Verhandlungsrunde das attraktivste Angebot vorlegt, kann grundsätzlich beauftragt werden.

4. Auditierung

In vielen Fällen ist es ratsam, sich vor der Auftragserteilung vor Ort ein Bild von der Leistungskraft des ausgewählten Lieferanten zu machen. Dies gilt insbesondere dann, wenn es sich um einen völlig neuen Lieferanten handelt, aber auch, wenn der Ausgewählte beim letzten Auftrag Schwächen gezeigt oder in der Zwischenzeit organisatorische oder technische Veränderungen vorgenommen hat.

Zum Standard bei der Lieferantenzertifizierung gehören heute ein Compliance Check sowie die Qualitätssicherung. Wer jedoch zu den Besten gehören will, sollte sich an deren Praxis orientieren und zusätzlich einen allgemeinen Business Check durchführen.

Compliance Check. In Europa haben sich die deutsche Außenhandelsvereinigung Köln, vergleichbare Institutionen in Frankreich, Italien und anderen Ländern sowie die europäische Foreign Trade Association (FTA) in Brüssel auf ein Zertifizierungs- und Auditierungsverfahren für Lieferanten geeinigt und selbst verpflichtet. Zur besseren Koordination dieser Aktivitäten hat die FTA zudem eine „Business and Social Compliance Initiative (BSCI)" gegründet, der sich bis dato über 100 der größten europäischen Einzelhändler angeschlossen haben. Diese Unternehmen teilen die Auffassung, dass Image und Wert ihrer Marke immer stärker durch gesellschaftliche

Faktoren, wie eine umweltverträgliche Produktion oder eine angemessene Entlohnung der Mitarbeiterinnen und Mitarbeiter in den Beschaffungsländern, beeinflusst werden.

In einem ersten Schritt wurden weltweit Unternehmen zertifiziert, die Compliance Checks nach internationalen Standards (z.B. SA 8000, ILO Arbeitsnormen, OECD Guidelines for Multinational Enterprises) durchführen können. Im zweiten Schritt wählen die Einzelhandelsunternehmen nun Lieferanten aus, die sie auditiert haben möchten. Die mit dem entsprechenden (Compliance-)Audit beauftragten Firmen führen Qualifizierungsworkshops durch und helfen den Lieferanten, die „Standards" umzusetzen. Die Ergebnisse dieser Maßnahmen und die abschließende Auditierung werden in eine zentrale Datenbank eingepflegt. Die Mitglieder der BSCI haben ein Auskunftsrecht, aber keinen direkten Zugriff auf die Datenbank: Damit werden Doppelaudits vermieden, und früher auditierte Lieferanten erzielen Wettbewerbsvorteile.

Es reicht also bei weitem nicht aus, einen Produzenten einfach einen Code of Conduct unterschreiben zu lassen. Denn verstößt er trotz aller Versprechungen gegen die Anforderungen, kann dies nicht nur juristische Komplikationen, sondern auch schwerste Imageschäden für das eigene Unternehmen zur Folge haben (siehe Kasten). Zwar können für solche Fälle Vertragsstrafen vereinbart werden, doch diese werden die potenziellen Ergebnisverluste kaum abdecken. Besondere Vorsicht gilt, wenn dem Lieferanten gestattet wird, mit Subunternehmern zu arbeiten – die fehlende Kontrolle kann hier schnell zu schwerwiegenden Problemen führen.

Imageverlust durch negative Presse

Unternehmen, die gegen Compliance-Richtlinien verstoßen, machen regelmäßig negative Schlagzeilen, auf die oft Boykottaufrufe folgen. Nachfolgend ein paar anonymisierte Beispiele (Quelle: just-style.com).

- BANGLADESCH: „... führte aus, dass die Arbeiter zur Herstellung der preisgünstigen Kleidung regelmäßig 80-Stunden-Wochen bestreiten, und dies unter gefährlichen Bedingungen und für einen Stundenlohn von 10 US-Cents ..." (Dezember 2006)

- KANADA: „... wurde der Sportbekleidungsriese beschuldigt, die Rechte der Arbeiter in seiner kanadischen Eishockey-Tochter verletzt zu haben ..." (April 2004)

- SPANIEN: „... Nach einem überaus kritischen Bericht in der portugiesischen Zeitung Expresso prüft das führende Modeunternehmen nun die Vorwürfe, einer seiner Lieferanten beschäftige in seinen Fabriken Kinder ..." (Mai 2006)

- BANGLADESCH: „... wurde von der Presse heftig attackiert, da er nach der Katastrophe in seinem Werk, der 83 Menschen zum Opfer fielen, nichts zur Erhöhung der Arbeitssicherheit unternommen habe ..." (Juni 2005)

- USA: „... erhielt das Top-Handelsunternehmen eine empfindliche Geldstrafe [...] Nach Aussage der Arbeiter wird in den Fabriken weniger als der Mindestlohn gezahlt [...] Manche Arbeiter gaben sogar an, von Vorarbeitern geschlagen worden zu sein ..." (September 2005)

Qualitätssicherung. Diese zweite Komponente der Auditierung soll sicherstellen, dass der Lieferant fehlerarm produzieren kann. Damit unterscheidet sie sich von der produktbezogenen Qualitätskontrolle, um die es an späterer Stelle noch geht. Im Rahmen der Qualitätssicherung wird beispielsweise sichergestellt, dass Fabriken für Kinderbekleidung in ihrer Produktion Metalldetektoren einsetzen, um abgebrochene Nadeln in den Bekleidungsstücken aufzuspüren.

Ob man Compliance Checks und Qualitätssicherung / -kontrolle selbst durchführt oder durchführen lässt, hängt neben den intern vorhande-

nen Kompetenzen und Kapazitäten auch davon ab, welche Bedeutung die Qualität für die eigene Value Proposition hat und wie breit
die Lieferantenbasis gestreut ist: Weil die Dienstleister in der Regel
über entsprechend gestreute Standorte verfügen, reduziert sich bei
Outsourcing dieser Tätigkeiten der Reiseaufwand. Unternehmen,
welche nicht alle Fähigkeiten für eine umfassende Qualitätssicherung besitzen, sollten auf jeden Fall auf externe Dienstleister wie
den TÜV, SGS oder Intertek zurückgreifen.

Business Check. Diese Komponente der Auditierung hat zum Ziel,
sich ein umfassendes Bild von der Leistungskraft und dem Ge-
schäftsgebaren eines Lieferanten zu machen.

Dafür gibt es zwar keinen allgemein gültigen Prüfkatalog, doch haben sich in der Praxis zwei zentrale Punkte herauskristallisiert: Zum
einen wird geprüft, mit welchen anderen Händlern und Markenan-
bietern das betreffende Unternehmen zusammenarbeitet. Das liefert
wichtige Hinweise darauf, über welche Kompetenzen es verfügt und
inwieweit sich seine Erfahrungen für die eigenen Produkte nutzen
lassen. Zudem: Stellt sich heraus, dass Lieferanten im Bereich der
eigenen Kernkompetenzprodukte mit Wettbewerbern zusammenarbeiten, können diese aus der engeren Auswahl herausgenommen
werden, um die Weitergabe von kritischem Know-how zu vermeiden. Zum anderen wird die Finanzkraft des Lieferanten überprüft,
gerade wenn Lieferanten zur Vorfinanzierung der Rohware den nötigen finanziellen Spielraum benötigen.

Manche Unternehmen gehen beim Business Check noch deutlich
weiter und prüfen zusätzlich folgende Fragen:

- *Wie gut kann der Lieferant die Materialien organisieren?* Hat
  er eine eigene Logistikabteilung? Wie groß ist seine Abteilung
  für den Stoffeinkauf? Hat er eigene Leute bei den Mills?

- *Was unternimmt der Lieferant, um die Zusammenarbeit zu er-
  leichtern?* Produzenten, die im Absatzmarkt eines Kunden über
  eine eigene Präsenz (beispielsweise ein Designstudio) verfügen,

sind zu bevorzugen. Manche stellen auch pro Schlüsselkunden Mitarbeiter ab, die sich nur um diesen kümmern und idealerweise ständig in der Zentrale des Kunden präsent sind.

- *Wie sind die Standorte des Lieferanten gestreut?* Dies entscheidet darüber, wie flexibel der Lieferant sein kann und wie sich folglich die Risiken des Kunden reduzieren lassen. Kann ein Lieferant beispielsweise einen Auftrag bei Bedarf (etwa bei Streik, Feuer oder dergleichen) kurzfristig in eine andere Fabrik verlegen?

Die beschriebene Überprüfung ist mit einem gewissen Aufwand verbunden und erfordert spezielle Kompetenzen, auch um die richtigen Schlüsse und Konsequenzen aus den Ergebnissen zu ziehen. Wird der Business Check in vollem Umfang betrieben, stehen Aufwand und Nutzen meist nur bei großen Unternehmen in einem angemessenen Verhältnis.

Nach der Auditierung eines neuen Lieferanten werden dessen Stammdaten angelegt beziehungsweise – bei erneuter Auditierung – aktualisiert.

5. Auftragserteilung

Nach Verhandlung und gegebenenfalls Auditierung liegen alle Karten auf dem Tisch: Das beschaffende Unternehmen kann nun auf Basis klarer Fakten entscheiden, wem es den Zuschlag erteilt. Für die 20 von uns befragten Unternehmen stehen dabei die Kriterien Preisniveau und produktspezifische Produktionskompetenz ganz oben auf der Prioritätenliste (Abbildung 4.2).

Der Auftrag an den ausgewählten Lieferanten enthält konkrete Angaben zu Menge, Produktspezifikationen, Preis, Konditionen, Anreizsystem sowie den Lieferterminen und -konditionen.

Die meisten Händler und Markenhersteller blocken allerdings bei den wichtigsten Lieferanten schon vorab – meist ein bis zwei Jahre

	Anzahl Unternehmen
(1) Preisniveau	6
(1) Produktspezifische Produktionskompetenz	6
(3) Vergangenheitserfolg mit ähnlichem Produkt/gute Scorecard	5
(3) Vertrauen/gewachsene Beziehung/menschlicher Kontakt	5
(3) Abbildbarkeit Stückzahlen	5
(6) Kreativität/Innovativität	4
(6) Fähigkeit Zutatenorganisation/Kontakte zu Stofflieferanten/Vertikalität	4
(8) Andere belieferte Kunden	3
(9) Finanzielle Stärke	2
(9) Exporterfahrung	2

Anzahl der Unternehmen, welche dieses Kriterium nannten*; insgesamt 11 Antworten

* Liste verzerrt, da im Gespräch i.d.R. kein vollständiger Überblick über alle Kriterien erfolgte

Abb. 4.2. Top-10-Kriterien der Lieferantenwahl für Bekleidungsprodukte

im Voraus – Fertigungskapazitäten für die absehbaren Produktionen der nächsten Zeit. Diese Praxis erhöht nicht nur die Liefersicherheit; sie kann auch deutlich zur Kostensenkung beitragen, wenn man die Kapazitäten gezielt in den produktionsschwachen Nebensaisons blockt. Unternehmen, die keine Kapazitäten blocken, riskieren, gar nicht fertigen zu können oder die benötigten Kapazitäten kurzfristig einkaufen zu müssen – und das kann sehr teuer werden. Außerdem: Wer vorausschauend handelt, glättet auch die Kapazitäten über einen längeren Zeitraum und vermeidet kostspielige und generell qualitativ riskante Produktionsspitzen.

Natürlich ist das frühzeitige Blocken von Kapazitäten nicht immer sinnvoll. Je unsicherer die Mengenplanung, desto weniger sollten sich die Einkäufer festlegen. Demzufolge wird die Vorausbuchung in erster Linie für die Sortimentsbereiche in Frage kommen, die eine relativ genaue Planung erlauben – also für NOS-Ware, Promotions und mit Abstrichen für die Kollektionen – und natürlich möglichst nicht auf „Endproduktebene".

Ein europäischer Markenhersteller im Luxussegment beschrieb uns sein Vorgehen so: „Risiken in der Disposition gehen wir nicht auf Ebene der hochmodischen Produkte oder auf SKU-Level ein, sondern auf Ebene der Halbfertigprodukte. Die Vorlaufzeit ist dabei umso kürzer, je weniger es sich um Standardprodukte handelt, ob Fertigware oder Rohware. Oder nehmen wir weiße T-Shirts, Anzüge und Poloshirts: Single Jersey kaufen wir in sehr großen Mengen. Für die Sommersaison platzieren wir unsere Aufträge schon im April oder Mai des Vorjahres. Das Gleiche gilt für den grauen, blauen und schwarzen Serge. Bei hochmodischen Produkten, wie etwa einem außergewöhnlich gestylten Poloshirt, gehen wir zum Teil sogar auf Garnbasis und platzieren zum Beispiel bei einem chinesischen vertikalen Lieferanten zunächst einmal 40 Tonnen rotes, 4 Tonnen blaues und 30 Tonnen gelbes Garn. Ein anderes Beispiel sind unsere Lederprodukte: Hier handelt es sich zwar um hochmodische Artikel, doch das erforderliche Rohleder haben wir in der Regel schon bis zu einem Jahr im Voraus eingekauft, ohne genau zu wissen, wofür wir es schließlich genau verwenden. Leder muss man eben kaufen, wenn es gutes Leder gibt."

Es gilt also, sich frühzeitig um geeignete Kapazitäten zu bemühen. Zumal auf den wichtigsten Beschaffungsmärkten schon ein regelrechter Kampf um die gewünschten „Zeitfenster" entbrannt ist, wie uns ein europäischer Händler schilderte: „Das Buchen von Kapazitäten ist ein heißes Thema, vor allem in den Top-Märkten. Wir müssen uns die benötigten Mengen gegen andere große Retailer erkämpfen." Nicht selten dreht sich dieser Kampf auch nur um einzelne Veredelungsstufen. Dazu ein anderer Interviewpartner: „In Indien entsteht das Zeitproblem in der Wäscherei – grundsätzlich ist es kein Problem, die T-Shirts rechtzeitig produzieren oder besticken zu lassen. Aber die Ware pünktlich aus der Wäscherei zu bekommen, das ist eine Herausforderung."

Auftragsmanagement: Kontrolle ist gut, intensive Kontrolle ist besser

Ist der Auftrag erteilt, wird die Produktion vorbereitet und durchgeführt. Ein systematisches Auftragsmanagement sorgt dafür, dass dies zu den gewünschten Ergebnissen führt. Folgende Phasen sind dabei zu unterscheiden: die Produktionsmusterprüfung, die Qualitätskontrolle im Produktionsanlauf, die Produktionsfreigabe und die laufende Qualitätskontrolle / Auslieferungsfreigabe.

1. Produktionsmusterprüfung

Der Produzent erstellt zunächst in seiner eigenen Fertigung ein so genanntes *Bestätigungsmuster* (Confirmation Sample). Dies ist insbesondere deshalb nötig, weil Kaufmustervorschläge auch in so genannten Musterwerkstätten oder „Sample-Workshops" hergestellt sein können. Manchmal werden Bestätigungsmuster nochmals gesondert abgenommen. Auf dieser Grundlage erstellt der Produzent außerdem

	Vor Auftragserteilung	**Nach Auftragserteilung**	
Muster-bezeichnung	① **Kaufmustervorschlag** Wird bei Erfüllung der Vorgaben zu **Kaufmuster**	②a **Bestätigungs-muster**	②b **Produktions-muster**
Anzahl	• 1 Muster in einer Größe	• 1 Muster in einer Größe	• Mehrere komplette Größensätze (für alle Beteiligten* jeweils 1 Satz)
Zweck	• Prüfung grundsätzliche Fähigkeit des Produzenten zur Erfüllung der Vorgaben	• Prüfung Fähigkeit des Produzenten zur Erfüllung der Vorgaben auch in der eigenen Fertigung**	• Prüfung richtiges "Grading" • Prüfung gegen laufende Produktion bzw. Lieferung ("QC")

* I.d.R. Zentrale, Einkaufsbüro, Produzent
** Da Kaufmustervorschlag oft in von späterer Fertigungsstätte getrennter Musterwerkstatt erstellt

Abb. 4.3. Typischer Bemusterungsprozess

Produktionsmuster über alle vorgegebenen Größengänge hinweg (jumping size range). Dabei wird das „Grading" überprüft. Alle am Prozess Beteiligten erhalten ein solches Produktionsmuster, um im Zweifel gegen die laufende Produktion beziehungsweise Lieferung prüfen zu können. (Einen Überblick über den Bemusterungsprozess enthält Abbildung 4.3.)

2. Qualitätskontrolle im Produktionsanlauf

Ob die gewünschte Qualität produziert wird, sollte bereits bei Anlauf der Produktion kontrolliert werden. In der Regel reichen Stichproben-kontrollen, doch sind diese natürlich umso intensiver / häufiger durch-zuführen, je mehr Wert auf Qualität gelegt wird. Im Luxussegment sind deshalb 100-Prozent-Kontrollen durchaus üblich. In jedem Fall wird das Produktionsergebnis mit dem Muster verglichen.

Direkt einkaufende Händler führen solche Qualitätschecks heute standardmäßig selbst durch, meist durch die Mitarbeiter im Einkaufs-büro. Dabei müssen nicht alle Lieferanten gleich intensiv kontrolliert werden – einem altbewährten A-Lieferanten wird man nicht in glei-chem Maße „auf die Finger schauen" müssen wie einem C-Liefe-ranten. Das Verfahren sollte also im Umfang flexibel anpassbar sein, um Lieferanten selektiv und damit effizient kontrollieren zu können. Ein europäischer Händler sagte uns dazu: „Unsere besten Fabrikan-ten müssen wir kaum testen, weil sie für die Qualitätskontrolle selbst geeignete Systeme etabliert haben. Das macht sie deutlich schneller. Und wir motivieren mit gezielten Anreizen unsere Einkaufsteams dazu, mit solchen Lieferanten bevorzugt zusammenzuarbeiten."

3. Freigabe der Serienproduktion

Entspricht der Output des Produktionsanlaufs dem Produktionsmus-ter, folgt die Freigabe – der Lieferant kann die Produktion hochfah-ren und die Artikel in der gewünschten Menge fertigen. Dieses Vor-gehen, erst nach eingehender Qualitätskontrolle bei Anlauf die Pro-duktion freizugeben, ist auch in anderen Branchen üblich. Bestes Beispiel: die Automobilindustrie.

4. Laufende Qualitätskontrolle und Freigabe der Auslieferung

Auch während der Serienproduktion und vor der Auslieferung wird genau kontrolliert, ob alle Qualitätsvorgaben eingehalten werden, und nur bei positivem Resultat wird die Auslieferung freigegeben. Die Qualität wird also zu vielen Zeitpunkten überprüft – was jedoch unumgänglich ist, wenn man kostspielige Fehler vermeiden will.

Dazu ein Beispiel, das zwar nicht aus der Bekleidungsbranche stammt, aber die Bedeutung des Themas eindringlich belegt: Im Herbst 2004 verkauften Aldi und andere Einzelhandelsketten in Deutschland Rauchmelder für 3 bis 4 Euro. Schnell zeigte sich, dass es sich bei vielen um funktionsuntüchtige Produktimitate aus chinesischer Fertigung handelte, die mit gefälschten Prüfsiegeln der Stiftung Warentest oder des VdS versehen waren (Quelle: ARD-Ratgeber Technik, 16. Januar 2005).

Lieferantenbewertung: Erfolgschancen kann man messen

Wer zur Weltklasse gehören will, braucht ausgezeichnete Lieferanten. Die Auditierung ist ein Schritt, um zu prüfen, ob ein Lieferant oder Dienstleister zum eigenen Unternehmen passt. Doch man kann noch deutlich mehr tun: Viele Unternehmen spornen ihre Lieferanten zu Höchstleistungen an, indem sie ihre Leistung messen und ihnen die Kriterien und Ergebnisse transparent machen. Zu diesem Zweck sollte die Beschaffung nach jedem Auftrag valide Daten erheben, wobei sich in der Praxis vier Arten von Daten bewährt haben:

1. Quantitative Erfolgsdaten, die in einer Lieferanten-Scorecard festgehalten werden können:

   - Produzierte Stückzahl, um die Mengenabhängigkeit der Kosten berücksichtigen zu können,

   - Herstellkosten, falls eine Open-Book-Beziehung gegeben ist,

   - Total Landed Cost,

- Prozentualer Anteil der punktgenauen Lieferungen, einschließlich

  - Mengenabweichungen nach oben oder unten,

  - Zeitabweichungen und resultierende Kosten (wird zu früh geliefert, entstehen Lagerkosten, wird zu spät geliefert, entstehen Fehlmengen-"Kosten"),

- Verkaufte Stückzahl,

- Bruttomarge,

- Lagerumschlag: Schnelldreher oder „lahme Ente".

2. Produktbezogene qualitative Daten wie beispielsweise

- Umfang Retouren und geblockte Lieferungen, zum Beispiel auf Basis der AQL-Methode (AQL: Acccptance Quality Limit) und klar definierter Kriterien,

- eventuell eingebrachte Kreativität der Lieferanten, welche die Einkäufer über Scoring Tools bewerten.

3. Qualitative Daten zur Compliance

4. Eventuell qualitative Daten über die Zusammenarbeit: Wie oft muss man etwas erklären? Wie verlässlich sind die ersten Aussagen zum Preis? Antworten auf Fragen wie diese können Einkäufer ebenfalls mit einem Scoring Tool erfassen.

(Bei reinen Lohnfertigern ist nur ein Teil dieser Punkte relevant.)

Sämtliche Daten – vor allem die quantitativen Erfolgsdaten – sollten den Lieferanten laufend zur Verfügung gestellt werden: So wissen sie, wie die Produkte beim Händler und den Endkunden ankommen. Damit die Informationen nicht unbeachtet in der Schublade landen, verbinden erfolgreiche Unternehmen die Lieferantenbewertung mit ganz konkreten Konsequenzen. So können hervorragende Lieferanten beispielsweise in der nächsten Periode mit einem höheren Volumen beauftragt werden; umgekehrt können „Minderleister" mit geringeren Mengen bedacht werden, im Extremfall leer ausgehen. Das Ganze lässt sich systematisieren, indem man Lieferanten je nach Bewertungsergebnis innerhalb des Portfolios hoch- oder herabstuft.

Weiterhin können gute Lieferanten mit einem Bonus belohnt werden; für den gegenteiligen Fall sollten schon im Rahmen der Verhandlungen Strafzahlungen vereinbart werden. Ein Beispiel: Verspätet sich eine Warenlieferung aus Asien wegen Verzögerungen in der Produktion, kann der Hersteller dazu verpflichtet werden, sie auf eigene Kosten auf dem Luft- anstatt dem Seeweg zu liefern.

Lieferantenentwicklung: Gemeinsam besser werden

Die Bewertungsergebnisse liefern wertvollen Input für die Entscheidung, wie intensiv man die Lieferantenbeziehung anlegen sollte. Klassischerweise werden die Lieferanten im Rahmen der Bewertung in eine A-B-C-Struktur eingeordnet beziehungsweise in dieser Struktur nach oben oder unten bewegt. Ziel muss es sein, besonders leistungsstarke oder potenzialträchtige Lieferanten dauerhaft an sich zu binden und auf ihrem Weg zur noch besseren Performance aktiv zu begleiten.

Diese gemeinsame Weiterentwicklung führt zu günstigeren, schnelleren und besseren Prozessen in der Produktion und überhaupt der gesamten Lieferkette – und nachweislich auch zu einer besseren Qualität der Kunden-Lieferanten-Beziehung: So nimmt etwa die Liefertreue mit der engeren Zusammenarbeit zu; zudem sind langfristige Partner eher dazu bereit, kurzfristige Änderungen in den Mengen, Spezifikationen und Terminen zu akzeptieren, wodurch sie die Flexibilität ihrer Kunden weiter steigern. Ein europäischer Händler – bemerkenswerterweise aus dem preisorientierten Segment – erklärte uns dazu: „Es geht uns um echte Geschäftsbeziehungen – nicht darum, ein oder zwei Prozent herauszuholen."

Konsequente Lieferantenentwicklung trägt also dazu bei, dass die Beschaffung ihre Kosten-, Zeit- und Qualitätsziele erreichen kann. Und damit liefert sie letztlich auch einen Beitrag zur Zufriedenheit der Endkunden. Grundsätzlich sollten Einzelhändler daher langfristige Partnerschaften mit den Herstellern strategisch wichtiger Produkte anstreben. Zusätzlich können für das Replenishment-Sortiment auch Betreibermodelle mit Langfristpartnern interessant sein. Eine besonders intensive Zusammenarbeit kann dabei auch in ein „Open-Book"-Modell münden, in dem der Händler die wesentlichen Kostenblöcke des Lieferanten kennt: Dies bietet eine hervorragende Basis, um die Prozesse des Lieferanten so zu optimieren, dass beide Parteien davon profitieren. Kommt keine Open-Book-Beziehung zustande, sollte der Händler in Sachen Target Costing kompetent sein und zumindest bei Produkten mit sehr großen Einkaufsvolumina, bei welchen zusätzlich die Auswahl an Lieferanten und damit der Wettbewerb eingeschränkt ist, genau wissen, wie sich der Lieferantenpreis zusammensetzt. Denn nur so kann er erkennen, wo sich Einsparpotenziale auf Seiten des Lieferanten bieten, die gemeinsam zu erschließen sind – und wo er schlicht überteuert einkauft.

Aufwand an der Qualität der Beziehung orientieren

Es versteht sich von selbst, dass sich der Aufwand für Lieferantenentwicklung nach der Qualität der Beziehung richten muss: So sollten A-Lieferanten am intensivsten gefordert und gefördert werden, um das gezeigte Niveau zu halten und weiter zu steigern; B-Lieferanten mit Potenzial sollten zu A-Lieferanten entwickelt werden. Mitunter kann es auch sinnvoll sein, bei neu gefundenen Lieferanten gezielt in die Verbesserung der Prozess- und Produktqualität zu investieren. Dazu ein europäischer Händler: „Wir entwickeln unter anderem die Fähigkeiten von Lieferanten in neuen, interessanten Märkten. Beispielsweise haben wir unsere Techniker nach Bangladesch geschickt, um die Produktion dort voranzubringen. Viele unserer aktuellen Langfristpartner sind mit unserer Hilfe gestartet und gewachsen, und sie wissen heute noch, dass wir ihnen damals geholfen haben. Deshalb werden wir von ihnen bevorzugt behandelt."

Natürlich ist eines immer zu bedenken: Wer eine langfristige strategische Partnerschaft mit einzelnen Produzenten aufbaut und pflegt, kann auch in Abhängigkeiten geraten. Das Risiko, damit die erhofften Vorteile zunichte zu machen, ist nicht zu unterschätzen. So kommt es immer wieder vor, dass langjährige Stammlieferanten mit Unverständnis reagieren, wenn sie sich stets aufs Neue am Preis- und Leistungsniveau des Marktes messen lassen müssen. Will also ein Händler ein bestimmtes Programm auf jeden Fall einem bewährten Lieferanten übertragen und gleichzeitig sicherstellen, dass er ein wettbewerbsstarkes Angebot erhalten wird, so kann er mehrere seiner Langfristpartner in einer geschlossenen Ausschreibung gegeneinander antreten lassen. Oder von seinen B- oder C-Lieferanten (oder sogar Herstellern außerhalb des Pools) Angebote einholen, um dem Betreffenden vor Augen zu führen, wo er im Vergleich zur Konkurrenz steht.

In Sachen Lieferantenmanagement sind andere Branchen bereits mit großen Schritten vorausgeeilt. In erster Linie natürlich die, welche bereits vor vielen Jahren gezwungen waren, mit ihren Zulieferern langfristige Partnerschaften aufzubauen – wie vor allem Hightech, Maschinenbau und Automobil. Für Unternehmen dieser Industrien ist das Thema geradezu überlebenswichtig: Erstens kontrollieren ihre Zulieferer einen großen Teil der Wertschöpfung, zweitens ist ein Wechsel sehr schwierig, da die Lieferanten meist spezielles Know-how haben und über spezifisch gestaltete Schnittstellen in den Produktionsprozess eingebunden sind.

Ein Best-Practice-Beispiel für die Zusammenarbeit mit Lieferanten bietet Toyota: Der weltgrößte Automobilkonzern betreibt – von der Beschaffung organisatorisch getrennt – ein „Supplier Support Center", in dem Toyota-Mitarbeiter gemeinsam mit den Zulieferern deren betriebliche Prozesse optimieren: Verbesserungsideen werden gesammelt, bewertet und von einem Ausschuss verabschiedet. Bei der Umsetzung wird kontrolliert, wie gut die gemeinsam gesetzten Ziele erreicht werden; bei Bedarf werden den Lieferanten über längere Zeit Spezialisten zur Seite gestellt. Der Anreiz für die Zulieferer zur Entwicklung neuer Ideen ist groß: Resultierende Kosteneinsparungen kommen für eine definierte Dauer (beispielsweise ein Jahr) ausschließlich ihnen selbst zugute; erst danach muss Toyota mit einem bestimmten Prozentsatz daran beteiligt werden. So vermeidet der Autobauer auch, dass sein Lieferant kostensenkende Ideen „heimlich" verwirklicht.

Die Scorecard: Wichtigstes Instrument der Lieferantenentwicklung

Wer Lieferanten fördern will – sei es in den Bereichen Design, Fertigung (Lean Production, neue Technologien) oder Qualitätsmanagement – nutzt als zentrales Tool der Lieferantenentwicklung meist eine Scorecard, die quantitativ aufzeigt, wo es Verbesserungsbedarf und wo es Fortschritte gibt.

Der erste Entwicklungsschritt besteht denn auch in einem ausführlichen Feedback zur jeweiligen Scorecard; im zweiten Schritt werden geeignete Verbesserungsmaßnahmen in die Wege geleitet. Wie bei der Zertifizierung reicht das Spektrum der Möglichkeiten wieder von der aktiven Unterstützung (durch eigene Mitarbeiter, die vor Ort in die Fabriken geschickt werden) bis hin zur bloßen Einforderung bestimmter Ergebnisse. Und auch hier ist das aktive Eingreifen häufig die bessere Lösung, wie uns ein nordamerikanischer Händler erläutert: „Bleibt ein Lieferant hinter unseren Qualitätsanforderungen zurück, helfen wir ihm auf seine Kosten, besser zu werden. Weil wir Zeit in diesen Lieferanten investieren, versuchen wir dann auch, ihn weiter zu halten, wenn es einmal Probleme gibt; allerdings überlegen wir uns genau, wofür und in welchem Umfang wir ihn dann einsetzen."

Voraussetzung für sinnvolle Lieferantenentwicklung ist, dass man als Händler hinreichend über die Effizienz der Lieferantenprozesse auf dem Laufenden gehalten wird. Lieferanten wissen schließlich selbst am besten, wo bei ihnen Potenziale schlummern, die zum gegenseitigen Nutzen noch erschlossen werden können.

Zehn Regeln für erfolgreiches Lieferantenmanagement

1. **Messen:** Was Sie nicht messen, kann Ihr Lieferant auch nicht besser machen.

2. **Definieren:** Ein Lieferant kann Ihre Erwartungen nur erfüllen, wenn Sie dafür klare Kriterien definieren und vereinbaren.

3. **Verbessern:** Jeder Lieferant kann besser werden, dies gilt auch für Produzenten, die am stärksten optimiert sind, und für Prozesse, die am wenigsten komplex sind.

4. **Helfen:** Wenn Sie Schwachstellen eines Lieferanten erkannt haben, sollten Sie ihm mit allen erforderlichen Fähigkeiten und Kapazitäten dabei helfen, besser zu werden.

5. **Erneuern:** Wechseln Sie nicht nur einen Teil Ihrer Lieferanten aus – sorgen Sie auch dafür, dass Ihren Einkäufern immer wieder neue Lieferanten zugeordnet werden.

6. **Analysieren:** Stellen Sie Teams zusammen, die in der Lage sind, das Nutzenversprechen Ihrer Lieferanten analytisch unter die Lupe zu nehmen.

7. **Integrieren:** Die Aufgabe, Lieferanten besser zu machen, stellt sich nicht nur Ihrer Beschaffung, Sie können sie nur mit integrierten Teams lösen.

8. **Beständig optimieren:** Ihre Lieferanten werden nur dann besser, wenn Sie beständig daran arbeiten, den normalen Produktions- und Lieferprozess zu optimieren. Bloße „Feuerwehraktionen" helfen nicht weiter.

9. **Geben:** Erfolgreiches Lieferantenmanagement setzt Ihre Bereitschaft voraus, nicht nur etwas zu fordern, sondern auch zu geben.

10. **Zusammen profitieren:** Eine Win-Win-Situation können Sie nur erreichen, wenn Sie Ihren Lieferanten Feedback geben – und gleichermaßen für ein Feedback Ihrer Lieferanten offen sind.

Lieferantenmanagement:
Interviewpartner schildern ihre Praxis

EUROPÄISCHER MARKENHERSTELLER IM YOUNG-FASHION-SEGMENT

Klare Qualitätskriterien für alle Lieferanten

Der europäische, weltweit präsente Markenhersteller wählt seine Liefe-ranten vor allem nach Qualität aus. Auch in der laufenden Zusam-menarbeit achtet er streng darauf, dass die definierten Qualitätsstandards für seine Young-Fashion-Artikel eingehalten werden. Kleine Lieferanten haben bei ihm keine Chance, weil er sehr große Mengen benötigt.

„Wir arbeiten mittlerweile mit den meisten unserer Lieferanten lange zu-sammen, unterhalten also ein relativ konstantes Lieferantennetz. 70 bis 80 Prozent der Produkte kommen aus dem festen Lieferantenpool. Wegen unseres Wachstums und wegen nötiger Innovationen müssen wir aber im-mer wieder neue hinzunehmen. Bei Denim zum Beispiel gibt es moderne-re, neue Waschungen. Wenn der alte Fabrikant nicht in die entsprechenden Technologien investiert, ist er raus, und ein anderer kommt zum Zug.

Die Auswahl der Lieferanten ist nur innerhalb unseres Systems variabel. Jeder Lieferant muss vorher zertifiziert sein. Hat er diese Stufe genommen, unterstellen wir, dass er die geforderte Leistungsfähigkeit aufbringt. Aber auch ein neu zertifizierter Fabrikant bietet keine Garantie für Zuverlässig-keit und Qualität.

Das Qualitätsniveau ist bei uns eindeutig definiert. Es gibt klare Beschrei-bungen / Vorgaben bezüglich Schrumpfwerten, Farbechtheit und so weiter, die durch Tests im Labor geprüft werden. Wachstum ist aber generell der Feind der Qualität, und deshalb muss man immer auf der Hut sein.

Außerdem muss ein neuer Lieferant unsere Designphilosophie begriffen ha-ben. Da geht es auch um weiche Faktoren. Das Verständnis wird umso besser, umso länger man zusammenarbeitet.

Eine ausgewogene Anzahl an Lieferanten für die unterschiedlichen Be-schaffungsaufgaben ist uns sehr wichtig: Wir brauchen zur Risikostreuung Ausweichproduktionsstätten, wir legen aber auch Wert darauf, für die Lie-feranten wichtig zu sein. Wegen unserer großen Stückzahlen brauchen wir zudem Fabrikanten, die darauf ausgelegt sind. Wir geben den Fabrikanten etwa ein Jahr im Voraus eine Kapazitätsplanung, so dass sie selber recht sicher planen und ihren Maschinenpark vorbereiten können."

NORDAMERIKANISCHE WARENHAUSKETTE

Leistung und Gegenleistung

Bei diesem Retailer legt man besonderen Wert auf eine langfristige und partnerschaftliche Lieferantenbeziehung. Entsprechend anspruchsvoll sind auch die Auswahlkriterien. Von den Lieferanten wird erwartet, dass sie ebenfalls in die Qualität der Geschäftsbeziehung investieren.

„Ein Lieferant, der mit uns zusammenarbeiten möchte, wird vor dem ersten Auftrag auf Herz und Nieren geprüft. Wir haben zum Beispiel Teams, die sich nur um Compliance-Themen kümmern: Sie prüfen, ob die Firma alle Arbeits-, Gesundheits- und Sicherheitsstandards einhält. Da die Compliance-Teams unabhängig sind – auch von uns in der Beschaffung –, ist gewährleistet, dass wir stets objektive Berichte erhalten.

Andere Teams prüfen, ob die Lieferanten die nötige Technologie haben, um effizient fertigen zu können. Wir machen uns auch ein Bild davon, wie fähig das Management ist – das ist für uns eine Grundbedingung. Die Manager müssen ausgeprägte interkulturelle Kompetenzen haben und unseren Absatzmarkt wie ihre Westentasche kennen. Außerdem ist noch wichtig, dass die Lieferanten über ausreichende Mittel verfügen, um in ihre Mitarbeiter, Produkte, Fabriken und Maschinen zu investieren. Wer dafür kein Geld hat, ist erst recht nicht in der Lage, Materialien vorzufinanzieren. Ein fähiges Management ist auch immer bestrebt, uns das Leben leichter zu machen. Einer unserer Lieferanten aus Indien unterhält zum Beispiel Designstudios in Düsseldorf, London und Delhi. Dadurch können unsere Designer relativ schnell Ideen aus den Absatzmärkten aufgreifen und gemeinsam mit den Designern des Lieferanten umsetzen. Das ist für uns sehr wichtig.

Die Zahl unserer Lieferanten wollen wir so klein wie möglich halten, damit wir für jeden einzelnen wichtig sind. Nur so werden wir auch bevorzugt behandelt, wenn es etwa darum geht, bestimmte Kapazitäten zu blocken oder sich für uns auch kurzfristig richtig ins Zeug zu legen. Aktuell haben wir nur 42 A-Lieferanten weltweit. Jetzt müssen wir allerdings aufpassen, dass es nicht zu wenige werden, damit wir nicht irgendwann von ihnen abhängig sind.

Unsere Lieferantenbasis haben wir in A-, B- und C-Lieferanten unterteilt. Dabei orientieren wir uns an klar definierten Kriterien wie Retourenrate, Lieferpünktlichkeit und mengenmäßiger Erfüllungsquote. Wie die einzelnen Lieferanten abschneiden, wird auf einer ‚Report Card' festgehalten, die die AQL-Methode berücksichtigt. Zudem führen wir Inspektionen durch. Last but not least legen wir Wert auf professionelle Preisverhandlungen: Von einem A-Lieferanten erwarten wir, dass er dafür ein spezialisiertes Team von Mitarbeitern hat, die uns und unsere Preisvorstellungen kennen, so dass langwierige Verhandlungen entfallen.

A-Lieferanten müssen auch etwas von Design und Produktentwicklung verstehen. Wir brauchen Ansprechpartner, die den kompletten Service bieten und mit unseren Designteams reibungslos zusammenarbeiten. Dazu gehört auch, dass sie uns mit Trends und frischen Ideen versorgen – so müssen sie beispielsweise attraktive Muster entwickeln können. Wichtig ist außerdem, dass unsere A-Lieferanten alle logistischen Abläufe sicher im Griff haben.

Aber auch bei den A-Lieferanten gibt es noch Abstufungen. Zwölf A-Lieferanten haben wir gebeten, für uns einen ‚Lieferantenbeirat' zu bilden: Hier besprechen wir alle wichtigen Fragen zu Produkten und Prozessen. Eine besondere Herausforderung für unsere Lieferanten besteht darin, unsere Ablaufplanung in ihre Fabrikplanung zu übersetzen. Ein weiteres wichtiges Thema ist der Einkauf der Vorprodukte: Hier kommt es darauf an, wer die besseren Konditionen aushandeln kann – unsere Lieferanten oder wir.

Unsere Lieferanten wissen, was wir unseren Endkunden verkaufen und was wir brauchen, und sie richten ihre Fabriken danach aus. Aber die besten Lieferanten tun noch mehr: Sie stellen Mitarbeiter ab, die nur für uns da sind und mit uns zusammenarbeiten. Zumindest besprechen wir uns in regelmäßigen Meetings mit ihnen. Sie unterhalten sich auch regelmäßig mit unseren Merchandisern.

Unsere A-Lieferanten haben ihre Produktionsstandorte weltweit gut verteilt. Wenn es in einem Land Schwierigkeiten gibt, können sie schnell auf ein anderes ausweichen. Denken wir hier nur an Naturkatastrophen wie einen Tsunami. Weil wir unsere A-Lieferanten stets mit sehr großen Volumina beauftragen, setzen sie für uns immer alle Hebel in Bewegung."

5 Logistische Abwicklung: Effizienz um die halbe Welt

Die Bekleidungsprodukte schnell, pünktlich und kosteneffizient aus dem Beschaffungs- in den Absatzmarkt zu bringen, ist Ziel des Logistikmanagements. Lesen Sie in diesem Kapitel, wie Sie Transport und Lagerung so gestalten, dass sie Ihre Beschaffungsstrategie effektiv unterstützen. Und warum ein umfassender Informationsaustausch zwischen allen Beteiligten so wichtig ist.

Wie gelangt das Richtige rechtzeitig an den richtigen Ort? Logistik – eine komplexe Materie

In der Gewinn-und-Verlustrechnung (GuV) von Einzelhandelsunternehmen tauchen die Beschaffungskosten meist gar nicht auf: In aller Regel sind sie bereits in der Position „Wareneinsatz" – also noch vor der Zeile „Rohertrag" – vollständig verarbeitet. Dabei können die Beschaffungsstückkosten zwischen 2 und 7 Prozent vom Umsatz betragen, je nachdem, wie die Beschaffung organisiert ist.

Großen Einfluss auf diesen Kostenblock haben die Entscheidungen zur logistischen Abwicklung: Verhandelt man direkt (beziehungsweise über einen Beschaffungspool) die See- beziehungsweise Luftfrachtraten, oder kauft man eine Komplettdienstleistung von einem Spediteur? Wer organisiert die Konsolidierung in den Beschaffungsländern? Wen soll man als See- oder Luftfrachtcarrier wählen? Wie ist der Nachlauf (die Haulage) organisiert? Zu welchem Zeitpunkt im Jahr wird verhandelt? Nutzt man einen Shared Information Hub? Das sind nur einige von vielen Fragen, die zu klären sind.

Grund genug also, sich intensiv mit der Organisation der logistischen Abwicklung auseinanderzusetzen. Dabei lassen sich grundsätzlich zwei Themenbereiche unterscheiden: die Steuerung des Warenstroms und die Steuerung des Informationsstroms.

Gestaltung des Warenstroms: Schritt für Schritt in die Filialen

Mit dem Umfang der Verantwortung auf Händlerseite steigen auch die Anforderungen an das Management von Waren- und Informationsströmen. Das kann bis zur Übernahme der Zutatenlogistik selbst reichen – auch wenn dieses Thema meist beim Stoff- oder Bekleidungsfabrikanten angesiedelt ist.

Übergreifendes Ziel ist es sicherzustellen, dass die Kunden im Laden die gewünschten Waren rechtzeitig und in den richtigen Mengen vorfinden. Ausschlaggebend dafür ist – vor allem bei Beschaffung aus weit entfernten Ländern – die Wahl des *Beförderungsmittels* und des richtigen *Lagerkonzeptes*. Wobei sich auch hier erneut die Frage stellt, was man besser unter eigener *Kontrolle* behalten und was man fremdvergeben sollte.

Transport: Seefracht bleibt Trumpf

Standard im weltweiten Warenverkehr ist das Transportmittel Schiff. Die Frachtriesen machen durch enorme Skaleneffekte den kostengünstigen Transport von Produkten um den halben Globus erst möglich. Aber nicht umsonst existiert das geflügelte Wort vom „langsamen Dampfer“: Die reine Transportzeit beispielsweise von China nach Europa beträgt 20 bis 25 Tage. Angesichts der Tatsache, dass schnelle und flexible Warenversorgung für den Bekleidungseinzelhandel immer wichtiger wird, könnte man folglich von einer steilen Entwicklung des Luftfrachtaufkommens ausgehen. Tatsächlich hat dieses in den letzten Jahren an Bedeutung gewonnen, zumindest für die Langstrecken Asien-Europa und Asien-Amerika. Dennoch: Das Schiff wird auch in Zukunft bei weitem das wichtigste Transportmittel bleiben.

Schon aus Kostengründen dient das Flugzeug meist nur als „Notnagel" bei Verspätungen in der Fertigung; den Aufpreis zur Seefracht hat dann meist der Lieferant zu zahlen. Dies bestätigte sich auch in unserer Umfrage: Nur einer der 20 Interviewpartner – ein Premiummarkenanbieter – lässt den größten Teil seines Beschaffungsvolumens per Flugzeug befördern. Bei den übrigen ist der Anteil der Luftfracht relativ gering, meist liegt er bei 10 Prozent des Gesamtvolumens oder darunter. Erwartungsgemäß ist dabei eine klare Korrelation mit der Preispositionierung zu erkennen (Abbildung 5.1): Je preisbewusster die zu bedienenden Kunden des jeweiligen Unternehmens, desto weniger wird auf die teure Luftfracht zurückgegriffen.

In der Tat ist der Kostenunterschied beträchtlich: Je nach Produkt und Transportstrecke kostet Luftfracht drei- bis achtmal mehr als Seefracht. Ein nordamerikanischer Einzelhändler, der seine Ware aus Asien bezieht, sagte uns dazu: „Auf dem Seeweg kostet uns ein Stück 50 bis 60 Cent, auf dem Luftweg 3 Dollar." Ein europäischer Händler bezieht seine Jeans aus derselben Region und zahlt 30 Cent pro Stück für Seefracht gegenüber 2 Euro für Luftfracht.

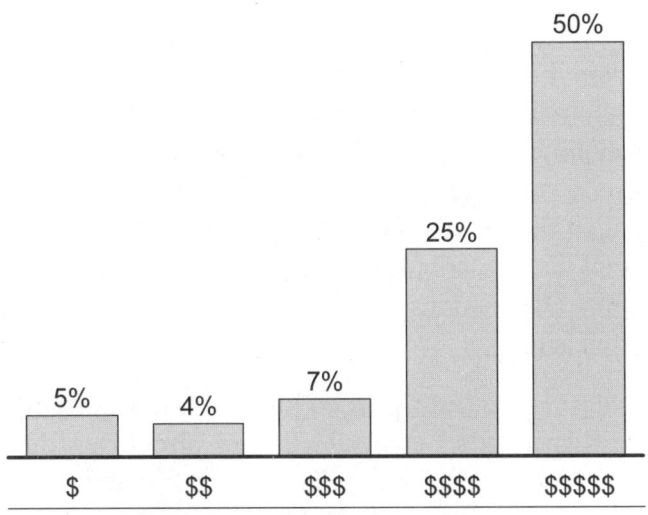

Abb. 5.1. Luftfrachtanteil (Anteil des Einkaufsvolumens aus Asien nach Europa / USA / Südamerika; jeweils Durchschnitte aus insgesamt 18 Antworten)

Die Frage ist also: Wann ist ein hoher Luftfrachtanteil sinnvoll? Hauptmotiv für die Wahl des Flugzeugs ist zwar die Zeitersparnis; dennoch korreliert die Trendorientierung der Zielkunden – zumindest in unserer Stichprobe – nur schwach mit dem Luftfrachtanteil bei den Unternehmen. Der Grund: Ein merklich höherer Verkaufspreis aufgrund der Beförderungsart ließe sich am Markt kaum durchsetzen; andererseits lassen sich hohe Restmengen, wie sie durch geringe Aktualität entstehen könnten, durch gute Planung vermeiden. Kurz: Obgleich die Geschwindigkeit für nahezu alle Unternehmen eine wichtige Rolle spielt, ist eine intensive Nutzung des Luftwegs nur bei hoher preislicher Positionierung der Marke sinnvoll – eine Voraussetzung, die nur das Luxussegment erfüllt.

Warenstrom – Einzelschritte über die lange Strecke (z.B. aus China)

Wenn die Ware in Asien produziert wird, umfasst der Warenfluss von der Fertigungsstätte zum Distributionszentrum in der Praxis meist folgende Schritte:

1. Die Artikel werden beim Produzenten vorzugsweise als „Full Container Load" verladen und vom Werkstor zu einem Konsolidierungszentrum transportiert, in der Regel per LKW. Manchmal wird bereits beim Warenausgang gescannt, um eine digitale Packliste für Liefer- oder Sendungsavise zu erzeugen, gegen die im Konsolidierungszentrum oder beim Wareneingang im Distributionszentrum geprüft werden kann. Auch für Dispositionszwecke können diese Informationen hilfreich sein.

2. Im Konsolidierungszentrum werden kleinere Transporteinheiten einheitlicher oder unterschiedlicher Produkte, die nicht als Full Container Load geladen werden konnten (z.B. Paletten), zu großen Einheiten, in der Regel Containerladungen, zusammengefasst. Ggf. wird die Ware bereits hier verzollt.

3. Vom Konsolidierungszentrum werden die Waren gegebenenfalls zum Export-(Flug-)Hafen transportiert.

4. Dort wird die Ware verzollt, bevor die Container ins Langstrecken-Transportmittel Schiff oder Flugzeug umgeladen werden.

5. Für den Langstreckentransport wird in der Regel ein einziger Transportmodus – Luft- oder Seefracht – genutzt; selten werden beide kombiniert („Air-Sea"), etwa wenn Ware für Europa über Dubai transportiert wird (ab Dubai kann dann Lufttransport erfolgen).

6. Am Import-(Flug-)Hafen wird die Ladung gelöscht und gegebenenfalls direkt verzollt. Manche Händler prüfen hier bereits, ob die Ware aufbereitet werden muss, was unter Umständen direkt vor Ort geschehen kann.

7. Anschließend wird die Ware – gegebenenfalls nach einer „Zwischenstation" im Zollfreilager – im so genannten Nachlauf (Haulage) in ein zentrales oder mehrere regionale Distributionszentren transportiert.

Die Distributionszentren im Absatzmarkt sind das Gegenstück zu den Konsolidierungszentren im Beschaffungsmarkt. Von hier zur Filiale umfasst der Warenfluss – wieder im Standardfall – die folgenden Schritte:

1. Im Wareneingang werden die Inhalte der Container auf kleine Einheiten (wie Kartons mit einheitlichen Produkten) verteilt. Ausnahme: Filialfertige Kommissionierung bereits im Beschaffungsmarkt.

2. Nun müssen die Verpackungseinheiten eingelesen werden, um eine rechtzeitige Weiterverarbeitung von Informationen für die anschließende Kommissionierung sicherzustellen; des Weiteren für das Cross-Docking, das Einlagern von Reservemengen und die Rechnungsprüfung. Diese Informationen

werden nochmals mit den Lieferavisen abgeglichen, um Abweichungen zwischen Bestellung, Avis, Wareneingang und späterer Rechnung zu erkennen. Diese Wareneingangsinformationen werden in weiteren Verarbeitungsschritten mit der bei Auftragserteilung generierten Vorverteilung abgeglichen.

3. Im Anschluss wird die Ware geprüft, sofern dies nicht schon kostengünstiger im Beschaffungsmarkt erledigt wurde.

4. Wird ein Zentrallagerkonzept gefahren, ist die Ware dort – traditionell nach SKU geordnet – zu lagern. Bei einem Cross-Docking-Konzept entfällt diese Lagerung.

5. Unter Umständen wird die Ware aufbereitet, also beispielsweise gebügelt. In einigen Fällen wird sie zu diesem Zweck zu einem Aufbereiter befördert und erst dann ins Distributionszentrum. Manche Händler bügeln die Ware erst im Laden auf, denn so können sie auf den teureren hängenden Transport verzichten und die Ware über die gesamte Transportkette günstig in Kartons transportieren.

6. Als Nächstes werden Elemente zur Warensicherung angebracht, falls dies nicht – wie Etikettierung und Verpackung – aus Kostengründen bereits im Beschaffungsmarkt geschehen ist.

7. Anschließend werden die Produkte karton- oder stückweise kommissioniert – entweder für eine LKW-Lieferung (Ziel: Full Truck Load) oder bereits filialspezifisch – und auf den LKW verladen. Dabei werden die Packungseinheiten wieder digital erfasst, um beim Wareneingang in der Filiale wieder eine Mengenkontrolle durchführen zu können.

8. Befindet sich die Ware im zentralen Distributionszentrum, wird sie von hier zu den regionalen Distributionszentren transportiert. Eventuell werden die oben genannten Tätigkeiten auch erst dort durchgeführt.

> 9. Vom Distributionszentrum wird die Ware zu den Filialen gebracht; in der Regel per LKW oder, falls die Filialen abgelegen liegen, per Paketdienst.
>
> Vereinfachen lässt sich die Informationserfassung im Ablauf bei Einsatz von RFID-Chips, die bereits beim Hersteller mit EPC- (Electronic Product Code-) Daten beschrieben werden: So lassen sich die Lesevorgänge auf allen nachfolgenden Stufen zum großen Teil automatisieren.

Mittelfristig dürfte das Flugzeug für den Transport von Bekleidungsprodukten noch unattraktiver werden, denn die Kosten der Luftfracht gehen weiter in die Höhe. Schuld sind nicht nur die steigenden Treibstoffkosten und steuerlichen Belastungen, mit denen man dem Klimawandel begegnen will. Darüber hinaus achten auch immer mehr Verbraucher auf umweltbewusstes Verhalten bei den Unternehmen und werden zunehmend ihre Kaufentscheidungen an der „CO_2-Bilanz" der Produkte ausrichten. Diesen Kunden wird man schwer vermitteln können, warum man Bekleidungsartikel – die ja nicht im wörtlichen Sinne „verderblich" sind – per Luftfracht transportiert.

Umschlag und Lagerung – zentral oder regional?

Ob man als Bekleidungsanbieter besser ein zentrales Distributionszentrum oder mehrere regionale Zentren unterhält, hängt von zwei Faktoren ab: erstens von der Größe des Absatzmarktes (und damit der potenziellen Höhe der Transportkosten), zweitens von den primären Beschaffungszielen: Geht es eher um schnelle und / oder pünktliche Lieferung? Das würde für regionale Distributionszentren sprechen. Oder sind Größenvorteile wichtiger? Dann empfiehlt sich grundsätzlich ein zentrales, großes Distributionszentrum. Sehr große Handelsunternehmen nutzen, um die Vorteile beider Varianten zu verbinden, häufig ein Hub-and-Spoke-Modell, bei dem die Ware über ein zentrales Distributionszentrum an regionale Zentren verteilt wird.

Weiterhin können Distributionszentren entweder als Zentrallager oder als „Cross-Docking Center" angelegt werden: Das sind reine Verteilstationen, in denen Teillieferungen von verschiedenen Absendern zusammengestellt werden. Welche Variante vorzuziehen ist, hängt unmittelbar von der Steuerlogik ab (siehe auch Kapitel 6): Ein Distributions-Push, bei dem keine längere Lagerung erforderlich ist, läuft über Cross-Docking Center; der Distributions-Pull über Zentrallager.

Logistische Abwicklung – selber organisieren oder auslagern?

Bei der Entscheidung, was man innerhalb der Logistik selbst organisiert und was man dem Lieferanten überträgt, setzen die Incoterms aus dem Jahr 2000 den Rahmen für mögliche Alternativen (siehe Kasten). Welche der dort enthaltenen Klauseln man im konkreten Fall wählt, wird davon abhängen, ob das beschaffende Unternehmen oder ein Lieferant die besseren Konditionen bei den Logistikdienstleistern hat. Das wiederum hängt vor allem von den Volumina der jeweils nachgefragten logistischen Leistungen ab. Weiterhin gehen Risikoabschätzungen und Liquiditätsaspekte in die Entscheidung mit ein.

International Commercial Terms (Incoterms)

Die Incoterms, herausgegeben von der Internationalen Handelskammer, sind international gültige Handelsregelungen. Sie legen insbesondere fest, welche Kosten bei bestimmten Lieferarten der Verkäufer, welche der Käufer zu tragen hat.

Die Fassung von 2000 enthält 13 Regeln, die sich in vier Gruppen unterteilen:

- *E-Klausel* (auch „Abholklausel" genannt): Der Verkäufer muss dem Käufer die Ware nur an einem festgelegten Ort zur Verfügung stellen (EXW: Ex Works – ab Werk).

- *F-Klauseln*: Hier muss der Verkäufer die Ware einem Frachtführer übergeben, der vom Käufer beauftragt wurde (Varianten: FCA – Frei Frachtführer, FAS – Frei Längsseite Schiff, FOB – Frei an Bord).

- *C-Klauseln*: Hier fallen Kosten- und Gefahrenübergang auseinander, es handelt sich um so genannte „Zweipunkt-Klauseln" (CFR: Kosten und Fracht, CIF: Kosten, Versicherung und Fracht, CPT: Frachtfrei, CIP: Frachtfrei versichert). Der Gefahrenübergang auf den Käufer erfolgt jeweils mit Übergabe der Ware an den Frachtführer. Den Beförderungsvertrag muss dennoch der Verkäufer abschließen.

- *D-Klauseln* (auch „Ankunftsklauseln"): In dieser Konstellation übernimmt der Verkäufer alle Kosten und trägt das gesamte Warenrisiko bis zur Ankunft der Ware im Bestimmungsland (DAF: Geliefert Grenze, DES: Geliefert ab Schiff, DEQ: Geliefert ab Kai, DDU: Geliefert unverzollt, DDP: Geliefert verzollt).

Allerdings: Selbst wenn ein Händler oder Markenhersteller große Verhandlungsmacht hat und daher die Transporte selbst organisiert, muss das noch nicht heißen, dass er sein Einsparpotenzial optimal ausschöpft. Der nächste Schritt dazu ist die Umgehung von Spediteuren – mit ihren oft nicht unerheblichen Margen – und die direkte Verhandlung mit den Frachtführern, also den Reedereien oder Fluggesellschaften. Ein europäischer Händler hat diesen Weg gewählt: „Gegenüber Reedereien haben wir eine hervorragende Verhandlungsposition, weil wir sehr hohe Volumina vergeben. Also handeln wir auch selbst die Verträge aus." Andererseits spricht auch einiges dafür, die Verantwortung für die logistische Organisation abzugeben: So kann man nicht nur die Zahlungszeitpunkte verschieben, sondern auch Kapitalkosten, Komplexität und Organisationskosten niedrig halten. Im eigenen Hause Kompetenzen und Kapazitäten etwa für die Zollabwicklung vorzuhalten, ist dann eventuell nicht mehr nötig.

Gestaltung des Informationsstroms:
Damit alle jederzeit alles wissen

Die logistische Abwicklung in der Beschaffung hat auch dafür zu sorgen, dass neben den Waren die relevanten Daten fließen. Alle Beteiligten müssen zu jeder Zeit genau die Informationen haben, die sie für ihre Aufgaben brauchen. Mehr noch: Alle Glieder der Beschaffungskette – Einzelhändler, Markenhersteller, Produzenten der Bekleidungsstücke, Produzenten der Vorprodukte, Logistikdienstleister – sollten informationstechnisch so eng miteinander verknüpft sein, dass die Warenmengen selbst dann zur richtigen Zeit an den richtigen Ort gelangen, wenn die Beteiligten sich sehr kurzfristig koordinieren müssen. Es gilt, die Regale einerseits wie geplant zu füllen, andererseits aber auch flexibel auf geänderte Vorgaben reagieren zu können.

Voraussetzung für all dies ist ein hohes Maß an Transparenz. Dies lässt sich mit Hilfe moderner Warenwirtschafts- und Warenverfolgungssysteme immer besser erreichen.

Warenwirtschaftssysteme: „Closed Loop" zwischen Händlern und ihren Partnern

Warenwirtschaftssysteme sind ausgefeilte IT-Lösungen, welche die unternehmensinternen Einkaufsprozesse mit den Beschaffungs- und anderen relevanten Prozessen der externen Partner in einem geschlossenen Regelkreis verbinden. Die folgenden Prozesse werden unterstützt:

- Umsatz-, Rohertrags- und Flächenplanung,

- Sortiments-, Warengruppen- und Artikelbedarfsplanung nach Farben und Größen,

- Verteilplanung nach Regionen und Filialen,

- Preismanagement, Abschriftensteuerung,

- Erstellen und Pflegen der Einkaufsaufträge, Statusmanagement,

- Stammdatenmanagement für Lieferanten, Artikel, Standorte, Flächen, Kapazitäten etc.,

- Einkaufsprozesse wie Bestandsplanung, Open-to-Buy, Limit-planung etc.,

- Disposition / Steuerlogik (Push, Pull),

- Kassenprozesse.

Design- und Produktplanungsprozesse sind über Schnittstellen zu PDM-Systemen in den Einkaufsprozess integrierbar.

Die Schnittstelle für die Prozesse in der Beschaffung und Logistik sind die Einkaufsaufträge, die intern in einer Datenbank des Warenwirtschaftssystems und extern im Internet – zum Beispiel in so genannten Shared Information Hubs (SIH) – abgelegt sind und den am Gesamtprozess Beteiligten, je nach Berechtigung, bestimmte Informationen zur Verfügung stellen.

Die Shared Information Hubs lösen den traditionellen Datenfluss ab, bei dem jede beteiligte Partei einer Supply Chain erst aktiv wird, wenn sie ihrerseits Informationen von den jeweils vorgeschalteten Stationen erhalten hat („Domino-Prinzip"): Bei vielen Unternehmen nach wie vor in Gebrauch, ist diese Form der Kommunikationsorganisation wenig effizient und extrem langsam. Shared Information Hubs werden heute durch Dienstleister angeboten, die im Rahmen ihres Geschäftsmodells Zugang zu den Lieferanten haben. Sie bieten in der Regel die Konsolidierung der Warenströme in den Beschaffungsländern an und sind eng vernetzt mit den Seefracht- und Luftfrachtcarriern.

Voraussetzung für das effektive „Orchestrieren" der Beteiligten ist, dass die Partner in der Lieferkette zum übergreifenden Informationsaustausch bereit sind – nur dann kann der Händler oder Markenanbieter die Kontrolle des Datenflusses übernehmen. Weiterhin setzt ein effizienter Datenaustausch auch standardisierte Schnittstellen, Datenformate und Prozesse voraus.

Warenverfolgung: RFID-Technologie auf dem Vormarsch

Im Zusammenhang mit dem optimalen Management aller relevanten Informationen ist die *RFID-Technologie* seit längerem in der Diskussion (RFID: Radio Frequency Identification). Zentrales Element dieser Technologie ist ein standardisierter Code (Electronic Product Code, EPC), der eine eindeutige Identifikation von Vor- oder Endprodukten ermöglicht. Aufgebaut wie eine Internet-IP-Adresse, erlaubt der EPC den sofortigen Lesezugriff auf Informationen zum betreffenden Artikel – wie etwa dessen Herkunft, Herstellungsprozess, Qualitätseigenschaften und dergleichen –, die vom Hersteller oder Händler im Internet zur Verfügung gestellt werden. Ein Anhänger mit dem codierten Chip wird an der Packeinheit oder der Ware selbst angebracht; zum Auslesen sind Lesegeräte erforderlich, die mindestens den GEN-2-Standard erfüllen. Die Lizenz zur Nutzung der Technologie wird von EPC Global oder von GS1 vergeben.

Die Potenziale dieser Technologie liegen auf der Hand:

- nahtlos verfolgbarer Produktweg,

- verbessertes Bestandsmanagement,

- sinkende Lagerhaltungskosten,

- flexiblere Sortimentsgestaltung,

- gesteigerte Warenverfügbarkeit,

- verbesserte Qualitätssicherung,

- zuverlässigere Warensicherung entlang der gesamten Prozesskette.

Ungeachtet dieser Vorteile setzt sich die RFID-Technologie nur zögernd durch – bislang wird sie nur von wenigen Textileinzelhändlern genutzt. Zwei Gründe dürften dafür wesentlich sein: Zum einen gibt es für die Anhänger („RFID-Tags" genannt) noch keine branchenweiten Standardformate; zum anderen liegen die Kosten der Chips mit knapp 20 Cent pro Stück deutlich über dem allgemein genannten Schwellenwert von etwa 8 bis 10 Cent pro Stück.

Dessen ungeachtet ist denkbar, dass die Technologie künftig von der Markenindustrie als Echtheitszertifikat und von Post-Sales-Organisationen für neue Services genutzt wird. Unter Umständen wird ihr auch eine ganz andere Seite zum Durchbruch verhelfen – zumindest vermutet dies einer unserer nordamerikanischen Interviewpartner: „Gut möglich, dass unsere Zollbehörden demnächst verlangen, dass alle in die USA eingeführten Produkte mit einem RFID-Label versehen werden."

Logistische Abwicklung:
Interviewpartner schildern ihre Praxis

EUROPÄISCHER MARKENHERSTELLER

Wenn Kosten nicht die Hauptsache sind

Dieses Unternehmen organisiert seine Logistik so, dass sie seiner höher-preisigen und qualitätsorientierten Positionierung gerecht wird. Ge-schwindigkeit, Flexibilität und Qualität sind entscheidend, nicht die Kos-ten. Diese Prioritäten schlagen sich in einem relativ hohen Luftfrachtanteil nieder. Die Distributionszentren werden von einem externen Dienstleister betrieben, damit sich der Hersteller auf die eigenen Kernkompetenzen, vor allem das Design, konzentrieren kann.

„Unsere Bekleidungsprodukte aus Asien werden zu 75 Prozent auf dem Seeweg und zu 25 Prozent auf dem Luftweg transportiert. Für den ver-gleichsweise hohen Luftfrachtanteil gibt es gute Gründe: Wir haben in un-serem Sortiment einen relativ geringen Anteil an Basics, und unsere Marke ist in einem gehobenen Preissegment positioniert. Wichtiger als die Trans-portkosten ist für uns, dass wir unsere Beschaffungsentscheidungen so spät wie möglich treffen können: Dann ist das Risiko, dass wir auf Restbestän-den sitzen bleiben, deutlich geringer. Und es wird immer schwieriger, Lie-gengebliebenes zu vermarkten: Unsere Handelspartner takten heute sehr genau, welche Ware sie wann in welchen Mengen benötigen. Selbst wenn wir nur 10 Prozent Ware zu viel eingekauft haben, würden wir die heute nicht mehr ohne weiteres an den Mann bringen. Wenn wir uns also diese Abschreibungen sparen können, fallen die höheren Transportkosten für den Luftweg kaum noch ins Gewicht – zumal bei unserem Preisniveau.

Die Lagerverwaltung haben wir komplett ausgelagert, denn unser Logistik-dienstleister ist günstiger, als wir es selbst sein könnten. Zudem zählt Logis-tik nicht zu unseren Kernkompetenzen. Trotzdem sind viele unserer Mitar-beiter in die Prozesse unseres Logistikdienstleisters integriert. Denn letztlich stehen wir gegenüber unseren Handelspartnern in der Pflicht, pünktlich und mengengenau zu liefern."

6 Die richtige Steuerlogik: Mittel gegen Abschriften und Fehlmengen

Start mit vollen Regalen, kaum Ladenhüter während der Saison, keine Restanten zum Saisonende – das ist wohl der Traum jedes Händlers. Natürlich schafft es keiner, so exakt zu planen. Aber viele kommen dem Ziel immerhin sehr nahe. Lesen Sie in diesem Kapitel, wie die richtige Steuerlogik dazu beitragen kann, Abschriften und Fehlmengen zu vermeiden, ohne dass dabei die Kostenseite außen vor bleibt. Und warum sich im Saisongeschäft mehr Pull in der Produktion lohnen wird, in der Distribution sogar in allen Teilsortimenten. Außerdem erfahren Sie, worauf man beim Replenishment im NOS-Sortiment achten sollte.

Mengensteuerung – der Umgang mit der Unsicherheit

Entscheidungen über Steuerlogik adressieren stets ein und dieselbe Problematik: die begrenzte Vorhersehbarkeit der Nachfragemengen. Das gilt für beide betroffenen Stufen: Für die Produktionssteuerung (genauer: die Lieferungen vom Produzenten zum Händler) spielt die unsichere Gesamtnachfrage eine Rolle; bei der Distributionssteuerung (der Lieferung in die einzelnen Läden) die unsichere räumliche Verteilung dieser Nachfrage.

Die grundsätzliche Steuerlogik kann dabei einem von zwei Prinzipien folgen: „Push" steht für die Einmalbelieferung mit einer festgelegten Menge; „Pull" hingegen für eine kleinere Erstbelieferung mit der Option ein- oder mehrmaliger Nachbestellungen. Push bietet niedrige Kosten und geringe Komplexität; Pull steht für die Chance hoher Umsätze und geringer Abschriften, da es auf eine schnelle Reaktion auf die Kundenbedürfnisse setzt. Die von uns befragten Händler favorisieren derzeit mehrheitlich das Push-Prinzip; jedoch lässt sich für die Zukunft ein klarer Trend in Richtung des abverkaufs-/bestandsorientierten Pull erkennen – sowohl auf der Produktions- als auch auf der Distributionsstufe. So will man künftig flexibler auf das Verhalten der Endkunden reagieren können.

Produktion: Differenzierte Steuerung bei Kollektionen

Mit Blick auf die Mengensteuerung in der Produktion steht eine Frage im Vordergrund: Was wird für ein gegebenes Bekleidungsprogramm unter dem Strich profitabler sein – Push oder Pull?

Wie erwähnt, steuern die befragten Unternehmen heute vorrangig nach dem Push-Prinzip (siehe Abbildung 6.1); allerdings verwenden 16 von 18 dazu befragten Unternehmen zumindest teilweise den Pull-Modus.

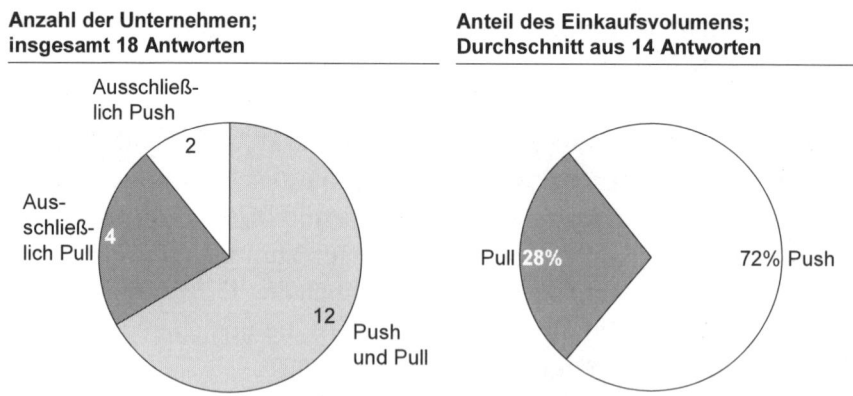

Abb. 6.1. Wahl der Produktionssteuerlogik

Die Entscheidung ist nicht für alle Teilsortimente gleich wichtig und relevant: So wird das NOS- oder Replenishment-Sortiment per definitionem im Pull-Modus abgewickelt; anlassbezogene Promotions typischerweise im Einmal-Push, da die angestrebten niedrigen Kosten in der Regel keinen Pull-Modus zulassen. Ähnliches gilt für das Teilsortiment Flashes/Fast Fashion, welches besonders trendnah sein muss: Hier bleibt meist keine Zeit mehr für Nachbestellungen, wie ein europäischer Markenhersteller aus dem gehobenen Segment uns erläuterte: „Abgesehen von NOS gibt es bei uns keine Nachorder während des Abverkaufs. Unsere Produkte sind zu individuell und unsere Qualitätsanforderungen zu hoch – die Produktion braucht daher relativ viel Zeit. Außerdem ist das Risiko größerer Verzögerungen, beispielsweise durch Betriebsurlaube, für uns zu groß. Und in Italien oder Frankreich läuft von August bis Mitte September gar nichts. Nehmen wir beispielsweise einen Eye-Catcher, wie etwa eine Jacquardjacke: Bis der Stoff produziert und geliefert ist, dauert es mindestens fünf Wochen, dann noch mal vier bis fünf, bis er durch CMT und Logistik gegangen ist und als fertiges Produkt zurückkommt. Es wäre utopisch, die Jacke nach zehn Wochen oder mehr zum gleichen Preis verkaufen zu wollen – bis dahin ist sie für die Kunden nicht mehr interessant genug."

Beim strategisch meist bedeutendsten Teilsortiment Themen/Kollektionen stellt sich die Frage nach Push oder Pull sehr wohl. Hier kann es sinnvoll sein, erst nach dem Praxistest im Laden über die finalen Produktionsmengen zu entscheiden – also auch über das „Ob" und „Wie viel" einer ersten oder nochmaligen Nachorder. Dieses Verfahren wird landläufig auch als „Test and Chase" oder „Reassure" bezeichnet.

Einen avantgardistischen Weg beschreitet dabei das Young-Fashion-Label einer europäischen Warenhauskette: „Wir testen Produkte mit zeitlichem Vorlauf an und geben dann eine große Bestellung raus. Das funktioniert folgendermaßen: Zusammen mit den türkischen Lieferanten entwickeln wir 4 bis 8 Musterteile und lassen sie in einer Stückzahl von je 30 fertigen. Fotos dieser Artikel stellen wir auf unsere Website. Dann beobachten wir, wie sich der Artikel in den nächsten Tagen online verkauft. Für gut laufende Artikel ordern wir ein paar Tage später größere Stückzahlen in der Türkei für den Ladenverkauf. Das Ganze dauert bis zur Lieferung in die Läden nur 12 Wochen, inklusive Test. Solche Internet-gestützten Tests sprechen ja Leute an, die Mode ein bisschen früher tragen als andere. Daher gibt es auch kein größeres Problem mit dem Zeitabstand zwischen dem Test und dem Verkaufsstart im Laden."

Hauptkriterium für die Entscheidung zwischen Produktions-Push und -Pull ist, wie schon erwähnt, die Prognosesicherheit hinsichtlich der Absatzmenge (Abbildung 6.2). Abgesehen von der grundsätzlichen Prognosekompetenz des Händlers – die immer eine wesentliche Rolle spielen wird – gilt hier die Faustregel: Je höher der Modegrad eines Produkts (nicht zu verwechseln mit der Trendnähe!), desto unsicherer die Prognosen. Und umso eher wird man sich dann für das risikoärmere Pull entscheiden und das betreffende (Teil-)Sortiment erst einmal im Laden „antesten". Manche Händler, vor allem im Young-Fashion-Segment, praktizieren „Test and Chase" mit dem gesamten

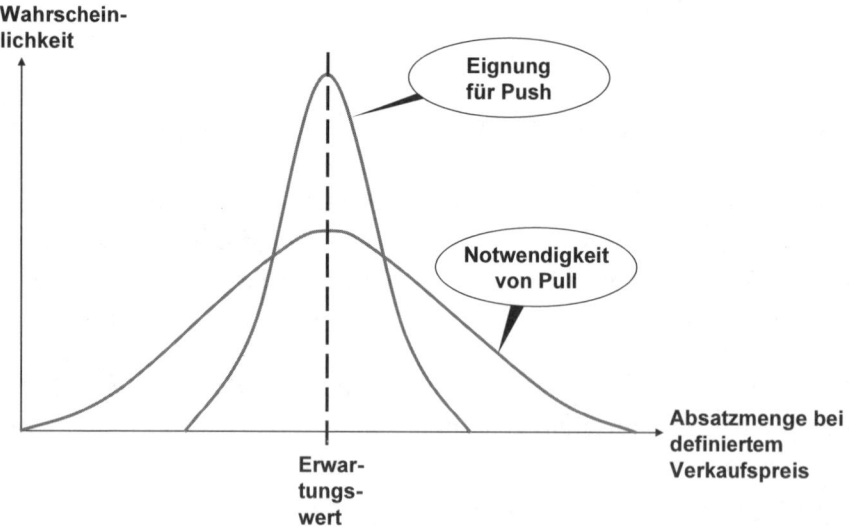

Abb. 6.2. Erwartete Streuung der Absatzmenge als wesentliches Kriterium für die Wahl der Steuerlogik

Sortiment – es ist quasi ihr Geschäftssystem. Sie gehen mit einem breiten Angebot (aber begrenzten Mengen) in den Markt, und die Bestseller werden nachbestellt. Je besser aber der Händler seine eigene Prognosekompetenz einschätzt und je sicherer er demnach meint, die Nachfragemengen treffen zu können, desto eher wird er das kostengünstigere Push-Prinzip wählen.

Empfindet ein Unternehmen die Nachfrage als wenig vorhersagbar und zieht es daher den Pull-Modus in Betracht, sollte dessen Sinnhaftigkeit quantitativ nachgewiesen werden. Aufgrund des analytischen Aufwands dabei wird dies in der Praxis nur selten gemacht; bei sehr wichtigen Produktprogrammen aber wird sich der Aufwand lohnen. Man kann sich grob an dem im Kasten vorgestellten Denkmodell orientieren.

Wirtschaftlichkeitsanalyse: Push oder Pull?

Im ersten Schritt sind folgende Variablen in ihren Ausprägungen festzulegen:

- Länge des Testzeitraums (bis zur Entscheidung über die Nachorder),

- Umsatzgrenze, die im Testzeitraum erreicht werden soll,

- (Einmal-)Bestellmenge bei Push,

- Erstbestellmenge bei Pull,

- erwartete Nachbestellmenge bei Pull, falls der Test gut läuft (Diese wird – in Addition mit der Erstordermenge – aufgrund des nachgewiesenen Erfolgs in der Regel höher sein als die Einmalbestellmenge im Push-Modus).

Unter Berücksichtigung dieser Werte lassen sich im zweiten Schritt die Elemente der nachstehenden Formel quantifizieren. Ist die Bedingung erfüllt, ist Pull wirtschaftlicher, sonst Push.

$$G_{Push} < w_{kNO} * G_{Pull,\ kNO} + w_{NO} * G_{Pull,\ NO}$$

Dabei sind

G_{Push}	Erwarteter Gewinn bei Push
$G_{Pull,\ kNO}$	Erwarteter Gewinn bei Pull, falls man sich *gegen* eine Nachorder entscheidet
$G_{Pull,\ NO}$	Erwarteter Gewinn bei Pull, falls man sich *für* eine Nachorder entscheidet
w_{kNO}	Wahrscheinlichkeit, dass man sich *gegen* eine Nachorder entscheiden wird (also die Umsatzgrenze im Testzeitraum nicht erreichen wird)
$w_{NO} = 1 - w_{kNO}$	Wahrscheinlichkeit, dass man sich *für* die Nachorder entscheiden wird.

Bei der Berechnung des jeweils erwarteten Gewinns ist zu bedenken: Gemäß der Preis-Absatz-Kurve sind die durchschnittlich erzielbaren Verkaufspreise bei Push (mengenbedingt) geringer als bei Pull *ohne* Nachorder, aber in der Regel höher als bei Pull *mit* Nachorder. Auch diverse Kostenpositionen können sich je nach Ausgestaltung des Pull-Modells verändern: Da sich dieses meist nur lohnt, wenn die Nachorder auch schnell ausgeliefert wird, entstehen in der Regel Zusatzkosten (etwa für Luft- statt Seefracht oder für die Nutzung von Zweitlieferanten in nahen, teureren Beschaffungsregionen).

Grundvoraussetzung dafür, dass man diese Wahl überhaupt hat, ist die Fähigkeit, Pull in ausreichender Geschwindigkeit zu organisieren (siehe auch analoge Ausführungen zum Replenishment im letzten Unterkapitel). Einige der befragten Unternehmen halten denn auch Produktions-Pull für ein „Märchen" – für die bereits laufende Saison nochmals nachzuordern sei gar nicht möglich. Den Gegenbeweis liefert ein europäischer Markenhersteller im Luxussegment: „Wir stoßen die ganze Produktionskette während der Saison noch einmal an, wenn Nachfrage und Beschaffungszeiten das rechtfertigen. Typisches Beispiel sind Wollmäntel: Vom Herbst bis in den Januar hinein lassen wir die immer wieder nachproduzieren, solange vom Markt Nachfrage da ist. Und da geben wir Vollgas: Wenn es sein muss, schießen wir unsere Wollmäntel innerhalb von 21 Tagen in den Markt. Ob man bei Produktions-Pull noch ins Zeitfenster hineinkommt, ist einfach eine Frage der Fähigkeiten – kleinere Unternehmen können die oft nicht vorhalten." Dass man für Nachproduktionen die entsprechenden Materialien und Fertigungskapazitäten geblockt haben muss, versteht sich von selbst (vgl. hierzu die Ausführungen zum Lieferantenmanagement in Kapitel 4).

Quasi eine Mischform aus Push und Pull ist folgende verbreitete Praxis: Man ordert nicht für den Absatz innerhalb der gleichen Verkaufsperiode nach, sondern mit leichten Produktmodifikationen für die nächste Periode. So findet sich dann das sehr gut gelaufene T-Shirt aus dem Sommerprogramm im Herbst als Langarm-Version wieder im Sortiment.

Distribution: Trend zur flexiblen Nachversorgung

Bei der Distributionssteuerung lautet die zentrale Frage: Liefern wir einmal flächendeckend aus (Push) oder setzen wir auf die umsatzorientierte (ein- oder mehrmalige) Nachversorgung der Filialen (Pull)?

Bekanntlich unterscheiden sich die Abverkaufskurven für identische Produkte nach demografischen Gruppen – und damit auch nach den Einzugsgebieten der Filialen und deren demografischer Struktur. Näherungsweise sind diese Varianzen je Filiale vorhersehbar, aber eben nicht exakt für jedes Programm. Ein Mittel, um mit dieser Unsicherheit umzugehen, ist die flexible Warenflusssteuerung (Distributions-Pull): Filialen, welche in den Tagen / Wochen nach der Erstbelieferung von der fraglichen Ware mehr verkauft haben als geplant, werden aus der noch nicht ausgelieferten Masse mit entsprechend hohen Volumina nachversorgt; diejenigen, die unter Plan verkauft haben, erhalten geringe oder gar keine Nachlieferungen. In aller Regel führt dieser Ansatz zu einer Reduktion der Abschriften und Fehlmengen – es sei denn, diese sind ohnehin gering, weil das Unternehmen die filialspezifischen Absatzunterschiede hervorragend prognostizieren kann.

Der Distributions-Pull erfordert nicht unbedingt ein Zentrallager. Man kann damit also auch beim Cross-Docking bleiben, etwa indem man mit dem Lieferanten zwei oder mehr Lieferchargen vereinbart. Zu vermeiden ist in jedem Fall der teure Umtransport von Beständen zwischen einzelnen Filialen, entweder direkt oder mit Umweg zurück über das Verteilzentrum.

Grundsätzlich eignet sich eine mehrstufige Filialversorgung für alle Teilsortimente. NOS wird ja ohnehin im Pull-Modus abgewickelt (Replenishment); bei den übrigen hängt die Entscheidung von einer Frage ab: Was würde bei einem Wechsel von Push zu Pull voraussichtlich stärker zu Buche schlagen – die Verringerung von Abschriften und Fehlmengen oder der Anstieg der Kapital-, Lager- und Transport-, Personal- und IT-Kosten (für die Überwachung der Abverkäufe sowie das Auslösen und organisatorische Abwickeln der Nachversorgung)?

Ein nordamerikanischer Händler im gehobenen Segment beantwortet diese Frage vor dem Hintergrund des vorgestellten Kalküls „pro Push": „Es ist okay für uns, ab und zu Fehlmengen zu haben. Wir bieten eben Fashion! Außerdem bräuchten wir für Distributions-Pull eine vollkommen andere Infrastruktur." Und manchmal spricht auch Zeitmangel gegen Pull, nicht nur in der Produktions-, sondern auch der Distributionssteuerung. Dazu ein europäischer Händler: „Normalerweise machen wir Pull, liefern also 70 Prozent aus und lassen die restlichen 30 Prozent umsatzorientiert auf die Filialen nachfließen. Aber bei manchen anlassgebundenen Modeartikeln ziehen wir das Push-Prinzip vor, denn da bleibt uns keine Zeit zu reagieren. Manchmal haben wir Aktionen, bei denen die Ware nur zwei bis drei Wochen im Laden ist."

Entscheidet man sich für Distributions-Pull, hat es sich bewährt, etwa 50 bis 70 Prozent der Gesamtmenge für die Erstbelieferung vorzusehen. Auf diese Weise hat man vor der Nachbelieferung einen hinreichend langen Zeitraum, um Verkaufsdaten zu sammeln (in der Regel sind mindestens zwei Wochen(enden) nötig), gleichzeitig legt man sich im Vorhinein nicht zu stark fest, was die Absatzmengen pro Filiale angeht.

Von den befragten Unternehmen setzt die Hälfte in der Distributionssteuerung eine Mischung aus Push und Pull ein (Abbildung 6.3). Fast ebenso viele aber arbeiten ausschließlich im Push-Modus und gehen damit das Risiko ein, erhebliche Potenziale zu verschenken. Allerdings betonten mehrere unserer Interviewpartner, den Pull-Modus gegenüber dem Vorjahr bereits verstärkt zu nutzen. Einige davon sehen „mehr Distributions-Pull statt -Push" als die nächste große Chance zur Ergebnissteigerung.

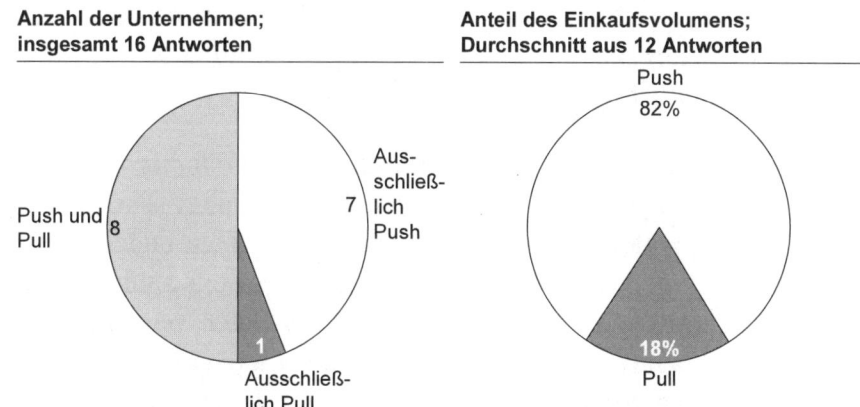

Abb. 6.3. Wahl der Distributionssteuerlogik

Ein europäischer, preisorientierter Händler erwartet sich davon dann auch sehr viel: „Bedingt durch unsere langjährige Logistikphilosophie – keine zentrale Warenlagerung, sondern 100-prozentige Auslieferung an die Läden – betrieben wir bislang ausschließlich Push. Das zwingt zum Wareneinkauf gemäß Umsatzkurve, lässt aber keine

Möglichkeit, unvorhersehbare Unterschiede im Abverkauf pro Filiale zu berücksichtigen. In Zukunft werden wir daher ein Pull-Verfahren einsetzen, in dem Teilmengen für die Zweitverteilung reserviert werden. Dadurch vermeiden wir Fehlmengen, und wir erwarten uns davon eine zweistellige Ergebnisverbesserung!"

Exkurs: Klassischer „Pull-Vertreter" NOS-Ware – Erfolgsfaktoren für Replenishment

Wie schon erwähnt, wird das Teilsortiment NOS / Basics von Haus aus im Pull-Modus abgewickelt. Damit ist es – obgleich von den Kunden oft als das „langweiligste" empfunden – für Händler und Markenhersteller das Teilsortiment, das wohl die höchsten Anforderungen an die operative Steuerung stellt. Bei Warentypen, welche man im reinen Push-Modus betreibt, gibt man eine Bestellung auf – bei NOS-Ware steuert man Tag für Tag auf Basis variierender Inputdaten. Zentrale Herausforderung dabei ist, schnell und zuverlässig nachzuversorgen, ohne größere Überbestände aufzubauen. Dafür haben sich drei Erfolgsfaktoren herauskristallisiert:

- *Echtzeitinformationen über Filialbestände:* Händler wie auch Lieferant müssen stets aktuell darüber informiert sein, welche Artikelpositionen in welcher Anzahl in welchem Laden abverkauft werden und wie hoch die Bestände jeweils sind. Idealerweise werden dann, basierend auf EPOS-Daten, per EDI automatisch aggregierte Bestellungen beim Lieferanten ausgelöst. Ein nordamerikanischer Jeans-Markenhersteller, der in großem Umfang Replenishment betreibt, schildert einen Zyklus für Basic Jeans wie folgt: „Wir bestellen am Sonntag. Der Stoff ist schon in der Schnittfabrik in Mexiko und wird somit am Montag zugeschnitten. Am Dienstag geht er in die Fertigung, am Donnerstag oder Freitag liegt das Produkt bis auf die Waschung vor – die folgt am Wochenende. Am Montag werden die Jeans ins Distributionszentrum versandt, wo sie am Mittwoch oder Donnerstag ankommen. Die Nachbelieferung der

Läden dauert in der Regel 10 bis 21 Tage." Insbesondere kleine Händler scheuen allerdings häufig die Investitionen in die Technologie, die man für stets aktuelle Lieferkettendaten braucht. Auch die Komplexität der Prozessänderungen wird als Hindernis gesehen.

- *Zugriff auf Rohwaren und Kapazitäten:* Auch im Kampf um Kapazitäten (vgl. Kapitel 4) haben es kleine Unternehmen deutlich schwerer als große. Um aber schnell nachversorgen zu können, ohne dabei übergroße Fertigwarenbestände aufzubauen, muss man Rohwaren und Fertigungskapazität jederzeit verfügbar haben. Ein Ausweg aus diesem Dilemma kann unter Umständen darin bestehen, dass man eine eigene Fertigung nahe am Absatzmarkt unterhält (vgl. Kapitel 2).

- *Bestandspuffer:* Um sicherzustellen, dass Ware tatsächlich „never out of stock" ist, sollte man für den Fall, dass einmal Verzögerungen in der Lieferkette auftreten, entsprechende Bestandspuffer eingebaut haben. Ein europäischer Young-Fashion-Anbieter geht so vor: „Wir nutzen ein Zentrallager als Pufferlager für NOS. Die durchschnittliche Reichweite entspricht dort genau der Produktionszeit für einen Wochenbedarf. Dann gibt es noch ein zweites, kleineres Pufferlager in der Nähe der Produktionsstätte Istanbul – für den Fall, dass einmal ein LKW an die Wand fährt oder ein Werk abbrennt." Solche Puffer können auch Lieferanten bieten, beispielsweise Importeure mit Lagerkapazitäten oder Langfristlieferanten, welche die Lagerhaltung als Dienstleistung anbieten.

Ein im Bekleidungshandel bewährter Ansatz für das NOS-Management ist das CPFR-Modell (Collaborative Planning, Forecasting and Replenishment): Schon mehrfach konnte damit der Beweis erbracht werden, dass sich sinkende Bestände in der Kette, kürzere Wiederbeschaffungszeiten und höhere Regalverfügbarkeit durchaus miteinander vereinbaren lassen.

Steuerlogik: Interviewpartner schildern ihre Praxis

NORDAMERIKANISCHE WARENHAUSKETTE

Von Push zu Pull

Dieser Händler plant, sowohl in der Produktion als auch in der Distribution von Push auf Pull umzustellen. In dieser Maßnahme sieht man die nächste große Chance, die Gewinne zu steigern.

„Wir planen für die Zukunft mit Produktions-Pull und Distributions-Pull, sogar im Fashion-Sortiment. Bei Fashion-Artikeln braucht man dazu wegen der Anforderungen an die Prozessgeschwindigkeit hervorragende Beziehungen zu den Fabriken. Die haben wir.

Push impliziert die schlechteste Risikosituation: Man sitzt ausschließlich mit Fertigprodukten im Absatzmarkt. Je weiter man in der Lieferkette zurückgeht, desto günstiger ist die Risikosituation. Wenn wir Rohbaumwolle haben, ist das gar kein Risiko. Haben wir ungefärbte Stoffe, ist das Risiko schon etwas höher, weil sie vielleicht in Jersey statt in Piqué ausgeführt sind, obwohl wir akut Piqué brauchen. Aber trotzdem wissen wir: Jersey werden wir irgendwann wieder brauchen. Und nach der Färbung haben wir nochmals ein etwas höheres Risiko, aber kein so hohes wie beim fertigen Kleidungsstück.

Auch Distributions-Pull ist essenziell für unseren Gewinn. Wenn ein Laden schlecht verkauft, ist das ein großes Problem, falls man keine flexible Warenflussstrategie hat: hohe Abschriften, hohe Fehlmengen an anderer Stelle und unzufriedene Kunden, die anderswohin gehen. Und das Umverteilen der Ware zwischen den Filialen ist zu teuer.

Ein Beispiel, wie wir den Pull in unserer Lieferkette handhaben: Wir haben 200.000 Einheiten für den Verkauf vorgesehen. 75.000 schicken wir in die Läden, jeweils abhängig von der Mindestabnahme je Store; 50.000 halten wir als Fertigware im Hauptdistributionszentrum vor; 50.000 Stück sind als gefärbter Stoff in der Fabrik in Übersee, noch nicht geschnitten. Alles in den Kernfarben Schwarz, Weiß, Rot und Navy-Blau. Die Fertigprodukte auf Basis dieser gefärbten Stoffe können wir nach bereits zwei bis drei Wochen in den Läden haben. 25.000 halten wir als Stoff in Rohweiß (Greige) in den Fabriken vor. Die sind für Modefarben wie beispielsweise ‚Burnt Orange' bestimmt. Produkte auf dieser Basis können wir innerhalb von circa sechs Wochen in die Läden liefern.

So können wir flexibel auf das reagieren, was die Kunden wollen, haben das richtige Produkt zur richtigen Zeit am richtigen Ort und maximieren dadurch unseren Gewinn.“

7 Aufbauorganisation: Den Rahmen für exzellente Beschaffung setzen

Mit zunehmender Kontrolle der Einzelhändler über die Lieferkette werden die Aufgaben der Beschaffung immer komplexer – zumal nun die Erfordernisse des Absatz- und des Beschaffungsmarktes gleichermaßen berücksichtigt werden müssen. Bewältigen lässt sich das am besten mit einer Einkaufsorganisation, bei der funktionsübergreifende Teams klar definierte, gut abgestimmte Aufgaben übernehmen. In diesem Kapitel erfahren Sie, worauf es dabei ankommt.

Der grundlegende Bauplan: Organisatorische Grenzen richtig definieren

In den vorhergehenden Kapiteln haben wir uns der Ablauforganisation der Beschaffung im weiteren Sinn (einschließlich Logistik und Steuerung) gewidmet. Nun stellt sich die Frage, in welchen organisatorischen Rahmen diese Prozesse eingebettet sein sollten. Das betrifft zum einen das Zusammenspiel mit den angrenzenden Unternehmensfunktionen – das heißt im Wesentlichen mit Merchandising / Planung und Design (falls nicht integriert). Zum anderen ist zu regeln, wo die Aufgaben innerhalb der Beschaffungsorganisation angesiedelt werden sollen.

In der Praxis werden diese Fragen äußerst unterschiedlich gehandhabt; jedes Unternehmen folgt seiner eigenen Philosophie. Es gibt auch kein generelles „richtig" oder „falsch" – entscheidend ist, was zum spezifischen Geschäftsmodell passt. Davon abgesehen zeichnet sich eine klare Tendenz ab: Immer mehr Unternehmen durchbrechen die Trennlinien zwischen den Organisationseinheiten und setzen interdisziplinäre Teams ein, welche sich auf produkt- oder markenspezifische Beschaffungsaufgaben spezialisieren. Die Beschaffungsorganisation entwickelt sich damit immer mehr vom „traditionellen Zentraleinkäufer" mit breitem Verantwortungsspektrum zu einem Team von Spezialisten mit exakt definierten und aufeinander abgestimmten Verantwortungsbereichen. Der Vorteil liegt auf der Hand: Wenn alle – jeweils mit Spezialwissen ausgestattet und in intensiver Kommunikation miteinander – an einem Strang ziehen, wird es wesentlich leichter, alle Aktivitäten mit Blick auf Kosten, Zeit und Qualität zu optimieren. Natürlich werden die Strukturen dadurch auch komplexer, doch der Aufwand lohnt sich.

Im Zusammenhang mit dem Zuschnitt der Beschaffungsorganisation und der Verteilung der Verantwortlichkeiten stehen Händler vor den folgenden Fragen:

- Wie können die Aufgaben der Beschaffung gegenüber denen des Merchandising, des Designs, der Logistik und gegebenenfalls der Qualitätsorganisation abgegrenzt werden? Soll die Beschaffung eher *Abwickler oder Integrator* sein?

- Soll es innerhalb der Unternehmenszentrale *eine zentrale oder mehrere dezentrale* Beschaffungsfunktionen – z.B. je Format oder je Produktkategorie – geben oder eine Kombination von beidem?

- Wie können die Beschaffungsaufgaben der Zentrale von denen der Einkaufsbüros im Beschaffungsland abgegrenzt werden? Sollen Letztere eher als *Support Offices oder als Full Service Offices* geführt werden?

Die richtige Lösung hängt wie immer vom Geschäftsmodell und der strategischen Positionierung ab – wie, wird im Folgenden ausgeführt.

Beschaffung als Abwickler oder Integrator: Abgrenzung gegenüber anderen Funktionen

Für die Aufgabenabgrenzung zwischen der Beschaffung und anderen Organisationseinheiten gibt es ein Spektrum möglicher Lösungen. Kernaufgaben der Beschaffung sind dabei fast immer die Definition der Wertschöpfungskettenstrategie, die Länder- und Lieferantenwahl und das Auftragsmanagement. Ansonsten unterscheiden sich die organisatorischen Varianten vor allem im Verhältnis der Beschaffung zu Merchandising und Design, wobei sich die beiden Extremlösungen wie folgt umreißen lassen:

- *Beschaffung als Abwickler:* Hier gibt es eine separate Merchandising-Funktion, die sich um die Gestaltung der Sortimentsstruktur sowie (zusammen mit der Designabteilung) des Produktangebots kümmert. Erst dann kommt die Beschaffung ins Spiel.

- *Beschaffung als Integrator:* Bei dieser Lösung sorgt die Beschaffungsfunktion für die gesamte Vermittlung zwischen Beschaffungs- und Absatzseite. Es gibt keine separate Merchandising-Funktion, sondern diese ist in die Beschaffungsfunktion integriert. Zusätzlich übernimmt die Beschaffung

  — die Gestaltung von Sortimentsstruktur und Produktangebot,

  — das technische Design,

  — die Definition der Stoffbibliothek und die Erstellung der Basisspezifikationen.

  Lediglich das kreative Design bleibt als separate Funktion in die Gestaltung des Produktangebots involviert.

Jeder der beiden „Pole" hat seine Vorteile: Wird die Beschaffung als Abwickler positioniert, bewegt sich die Komplexität der Aufgaben in einem überschaubaren Rahmen. Zudem führt die Konzentration auf einen begrenzten Aufgabenbereich zu einem hohen Maß an Spezialisierung und damit zu mehr Professionalität. Tritt die Beschaffung hingegen als Integrator auf, hat sie dank der übergreifenden Verantwortung den besseren Überblick und kann folglich dafür sorgen, dass bei allen Entscheidungen Kosten und Umsatzpotenzial in einem optimalen Verhältnis stehen. Zusätzlich können aktuelle Produkttrends aus den Beschaffungsmärkten schneller und effektiver in Angebote für die Zielkunden übersetzt werden.

Wo nun die einzelnen Händler und Markenanbieter ihre Beschaffung zwischen den beiden Polen positionieren, hängt vom Geschäftsmodell und den Bedürfnissen der Zielkunden ab: Je wichtiger das Preisniveau, desto eher bietet es sich an, die Beschaffungsorganisation auf eine kosteneffiziente Abwicklung zu konzentrieren und von Merchandising und Design zu trennen (eine entsprechende Unternehmensgröße natürlich vorausgesetzt). Denn für Discounter zählt eben in erster Linie die Kostenseite – im Vergleich zu den anderen Positionierungsmodellen weniger wichtig ist hier die Möglichkeit, durch geschickte Beschaffungsentscheidungen die Lieferzeit zu senken oder die Qualität zu verbessern.

Je mehr jedoch Zeit und Qualitätsaspekte eine Rolle spielen, desto eher empfiehlt sich die integrative Lösung – denn damit kann den Wünschen von trend- und qualitätsorientierten Zielgruppen am besten entsprochen werden.

Zentrale und / oder dezentrale Beschaffung: Abgrenzung der Funktionen in der Unternehmenszentrale

Die meisten Bekleidungsanbieter haben in ihrer Zentrale mehrere „dezentrale" Einkaufseinheiten, die sich meist auf Teilbereiche des Sortiments oder Absatzmarktes spezialisieren. Hier stellt sich die Frage, inwieweit eine zentrale Einkaufsorganisation einen Mehrwert bieten kann. Folgende Argumente sprechen dafür:

- Eine zentrale Beschaffungseinheit kann die Warenkosten deutlich senken – einerseits, indem sie die Einkaufsvolumina der dezentralen Einheiten bündelt, andererseits, indem sie durch zentrale Vorgaben (wie etwa eine Stoffbibliothek) für ein gewisses Maß an Standardisierung sorgt und damit zusätzliche Skaleneffekte möglich macht.

- Nur eine zentrale Einheit hat den Überblick über das Gesamtportfolio an Beschaffungsländern und Lieferanten – und kann damit den besten Weg finden, das Portfolio zu konsolidieren und gleichzeitig die Lieferrisiken zu senken. Auch für die Entscheidung, ob eigene Fertigungsstätten betrieben oder in bestimmten Beschaffungsregionen eigene Einkaufsbüros unterhalten werden sollen, ist dieser Gesamtüberblick hilfreich.

- Darüber hinaus ermöglicht die Zentralisierung wichtige Spezialisierungs- und Größenvorteile bei der Selektion potenzieller neuer Lieferanten sowie bei der Entwicklung der wichtigsten Partner.

- Und schließlich kann eine zentrale Beschaffung Aufgaben erledigen, die bei rein dezentraler Struktur immer wieder neu anfallen würden. Dazu gehören etwa die Entwicklung von Scorecards, die Definition von Mindeststandards der Produkte oder die Überwachung sozialer und ökologischer Compliance. Zentralisierung bedeutet also auch Kosteneffizienz.

Demgegenüber sind die dezentralen Beschaffungseinheiten darauf ausgerichtet, zielgruppen- und markenkonsistent zu beschaffen. Dieser Aspekt wird umso wichtiger, je ausgeprägter das Markenprofil und je spezieller die Zielkundenbedürfnisse sind. Analoges gilt für den Schnitt der Beschaffungsorganisation nach Produkten: Je unterschiedlicher und komplexer die Produkte in einem Sortiment sind – je weniger Commodity-Charakter sie also haben –, desto schwerer wiegen die Vorteile eines dezentralen Setups.

Große Luxusmarken verzichten denn auch häufig vollkommen auf eine zentrale Beschaffungseinheit, weil für sie die Waren- und Organisationskosten im Vergleich zum Vertriebsbudget kaum eine Rolle spielen. Einer unserer Interviewpartner, ein europäischer Luxusanbieter, sagte dazu: „Unsere einzelnen Brands sind völlig eigenständig. Kosten durch Mengenbündelung zu reduzieren ist für uns kein Thema – wir leben von der Kraft und spezifischen Kreativität jeder einzelnen unserer Marken." Je wichtiger aber das Preisniveau für das Nutzenangebot eines Händlers ist, desto bedeutsamer wird auch die zentrale Beschaffung als starker Partner der dezentralen Beschaffung.

Viele Händler haben sowohl eine zentralisierte als auch dezentrale Einheiten, damit sich die Vorteile beider Modelle ergänzen. In der Tat wird in vielen Fällen die beste Lösung in einer intelligenten Mischform liegen, in der die zentrale Beschaffung rein strategische Aufgaben, die dezentrale Beschaffung operative Aufgaben wahrnimmt. Wie das konkret aussehen könnte, wird im Folgenden beschrieben.

Ausgestaltung der zentralen Beschaffung

In einer rein strategisch angelegten Rolle würde die zentrale Beschaffungsfunktion die Rahmenvorgaben für alle relevanten Bereiche festlegen:

- *Rahmenplan für die Sortimentsgestaltung:* Falls kein separates Merchandising vorhanden ist, kann die zentrale Beschaffungseinheit einen Rahmenplan erstellen, innerhalb dessen die dezentralen Einheiten für ihre jeweiligen Programme die weitere Sortimentsgestaltung übernehmen. (In der Regel findet die Sortimentsgestaltung allerdings dezentral statt.)

- *Leitlinien bei der Gestaltung des Produktangebots:* Hier ist die zentrale Beschaffung dafür verantwortlich, eine Stoffbibliothek zu definieren und einen Katalog mit Basisspezifikationen zu erstellen.

- *Übergreifende Supply-Chain-Strategie sowie Länder- und Lieferantenportfolio:* Auch hier trifft die zentrale Beschaffung immer strategische, langfristig angelegte Entscheidungen, die dezentralen Beschaffungsfunktionen alle kurzfristig anstehenden Festlegungen in Bezug auf die einzelnen Produktprogramme.

Je nachdem, wie die Aufgabenstruktur in der Praxis aussieht, müssen die Mitarbeiter in der zentralen Beschaffung somit mehr oder weniger ausgeprägt über die folgenden Qualifikationen verfügen:

- Material-Know-how für die Definition einer Stoffbibliothek,

- technisches Produkt-Know-how für die Definition übergreifender Basisspezifikationen oder Mindestqualitätsstandards sowie Prüfkriterien,

- Know-how im Risikomanagement zur Steuerung des Portfoliorisikos der Beschaffungsländer und der Lieferanten,

- Management-Know-how für das langfristige Lieferantenmanagement, die Definition von Basis-Scorecards, das Projektmanagement beim Aufbau von Einkaufsbüros und die Qualifizierung der dortigen Mitarbeiter.

Ausgestaltung der dezentralen Beschaffung

Ausgehend von den Rahmenvorgaben der zentralen Beschaffung, treffen die dezentralen Funktionen dann die (operativen) Detailentscheidungen:

- *Detaillierte Sortimentsgestaltung:* Gibt es kein separates Merchandising, gehören in diesem Modell das Trendscouting, die Themenfestlegung und die detaillierte Sortimentsgestaltung zu den Aufgaben der dezentralen Beschaffungsfunktionen.

- *Konkrete Ausgestaltung des Produktangebots:* Hier sind die dezentralen Einheiten (teils gemeinsam mit der Designabteilung) zuständig für alle operativen Aufgaben in den Bereichen Fashion Design, Produktspezifikation sowie Volumen- und Zeitplanung – innerhalb der Leitlinien aus der Zentralbeschaffung.

- *Definition der programmbezogenen Supply-Chain-Strategie, Länder- und Lieferantenentscheidungen:* Hier legen die dezentralen Beschaffungseinheiten die jeweiligen Anforderungen im

Detail je Produktprogramm fest und treffen dann die Entscheidungen zu allen Punkten, die in den vorangegangenen Kapiteln erläutert wurden – also zum Beispiel zu Einkaufsmodus direkt / indirekt, Lieferantenintegration, Wahl der Beschaffungsregionen und des zu beauftragenden Einkaufsbüros, Auswahl des / der Lieferanten (bis hin zur Auftragserteilung) sowie Festlegung der Transportmittel.

Hinzu kommt jeweils – sofern relevant – die Abstimmung mit Merchandising, Design und Logistik sowie das Management von Lieferanten und Dienstleistern, beispielsweise (falls relevant) im Fall des Direkteinkaufs nahe der Absatzregion. Darüber hinaus stellen die dezentralen Einheiten die Weiterleitung der relevanten Informationen an den strategischen Einkauf und gegebenenfalls die Einkaufsbüros sicher (beispielsweise zu Produktspezifikationen und weiteren Auftragsmerkmalen).

Aus dieser Aufgabenstruktur ergibt sich, dass die dezentralen Beschaffungseinheiten über umfassende Qualifikationen verfügen müssen – was einerseits entsprechende Investitionen erfordert, andererseits erhebliche produkt- oder markenbezogene Spezialisierungsvorteile erschließt. Um die wichtigsten Skills zu nennen:

- Material-Know-how, wenn Stoffe eingekauft werden müssen,

- kreative Fähigkeiten im Rahmen der Produktgestaltung,

- technisches Produkt-Know-how, beispielsweise für eine effektive Kommunikation mit den Lieferanten und den gesamten Prozess der Musterprüfung,

- ökonomisches Know-how, etwa über Regelungen im internationalen Handel oder über länderspezifische Kompetenzen und Preisniveaus,

- rechtliches Know-how für die internationale Vertragsgestaltung,

- methodisch-analytisches Know-how, um Lieferanten mit Scorecards zu führen, Auktionen durchzuführen, sicher zu verhandeln und so weiter.

Was den Zuschnitt der dezentralen Beschaffungseinheiten angeht, so kann sich dieser grundsätzlich nach einer Reihe von Kriterien richten – so etwa nach Marken oder Einzelhandelsformaten, Produkttypen, Fertigungstechnologien, demografischen Zielgruppen, Teilsortimenten, Beschaffungsregionen, Beschaffungsgegenstand (Stoff versus Bekleidungsprodukt), Flächenkonzepten (Marken versus Stammabteilung), Absatzmärkten oder Trageanlässen (Business, Freizeit, Party). In der Praxis ist heute der Schnitt nach demografischen Zielgruppen, Marken und Warengruppen am stärksten verbreitet (Abbildung 7.1). Meist sind dabei zwei dieser drei Kriterien maßgeblich und werden in einer Matrixorganisation abgebildet; so werden zum Beispiel demografische Zielgruppen mit Produkttypen zu Kategorien wie „Damen-Strickoberteile" oder „Kinderhosen aus Webware" verknüpft.

Ein Schnitt nach demografischen Zielgruppen kann sinnvoll sein, weil diese mit sehr spezifischen Anforderungen an die Beschaffungskette verbunden sind. So stellt etwa Kinderbekleidung hohe Anforderungen an die Sicherheit der Produkte (und damit auch an

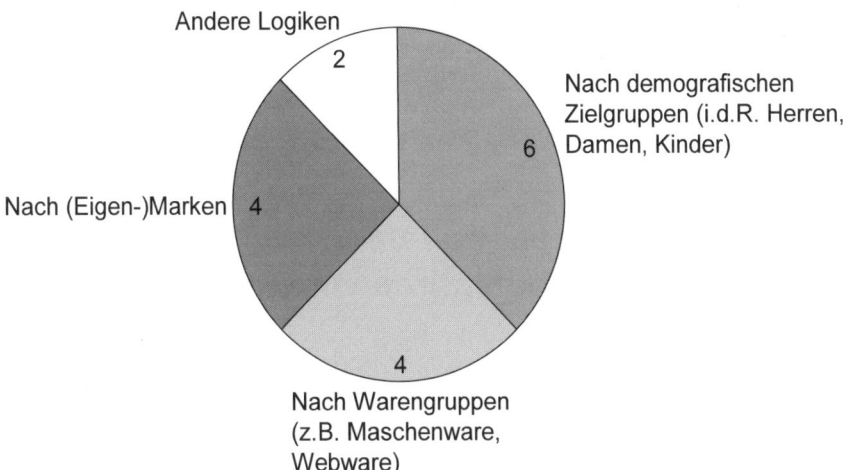

Abb. 7.1. Gliederung der Beschaffungsorganisation auf der 1. Ebene (Anzahl der Unternehmen; insgesamt 16 Antworten)

die Produktion); Damenbekleidung erfordert häufigere Sortimentsupdates und kürzere Lieferzeiten, um der gewünschten Trendnähe
zu entsprechen. Wenn eine klare Profilierung der einzelnen Marken
gewünscht ist – wenn etwa eine bestimmte Lebensstilaussage erreicht werden soll –, wird das betreffende Unternehmen eher nach
Marken schneiden. Diesem Prinzip folgen vor allem Luxus- und
Young-Fashion-Anbieter. Ein Schnitt nach Produktkategorien ist
generell sinnvoll: Diese erfordern unterschiedliche Rohmaterialien,
und die einzelnen Fertigungstechnologien sind von äußerst unterschiedlicher Bedeutung (beispielsweise ist die Wäscherei bei Jeans
entscheidend, die Näherei bei Anzügen); entsprechend kommen
unterschiedliche Beschaffungsländer und Lieferanten in Frage.

Interessante Chancen bietet auch ein Schnitt nach den grundlegenden Teilsortimenten Basics / NOS, Fast Fashion, Kollektionen und
Promotions (sofern das Gesamtangebot mehrere Teilsortimente in
nennenswertem Umfang beinhaltet). Zumindest auf der zweiten Ebene – also innerhalb der Spezialisierung auf demografische Gruppen,
Marken oder Produkttypen – bietet sich dieser Zuschnitt an: Denn
für jedes Teilsortiment muss die Beschaffungskette anders aussehen,
da jeweils andere Ziele hinsichtlich Kosten, Zeit und Qualität gelten,
und entsprechend kann sich die jeweilige Beschaffungseinheit spezialisieren. Erstaunlicherweise ist diese Struktur bislang nur bei wenigen Unternehmen zu finden.

Support Offices oder Full Service Offices: Die Rolle der Einkaufsbüros vor Ort

Die meisten großen Markenhersteller und Händler unterhalten heute
ein oder mehrere eigene Beschaffungsbüros in den relevanten Märkten, insbesondere in China. Entsprechendes gilt auch für unsere
Stichprobe (Abbildung 7.2). Händler mit einer solchen internationalen Beschaffungsorganisation stehen vor der Frage, welche Aufgaben sie den Beschaffungsfunktionen in der Unternehmenszentrale
übertragen sollen und welche den Einkaufsbüros vor Ort.

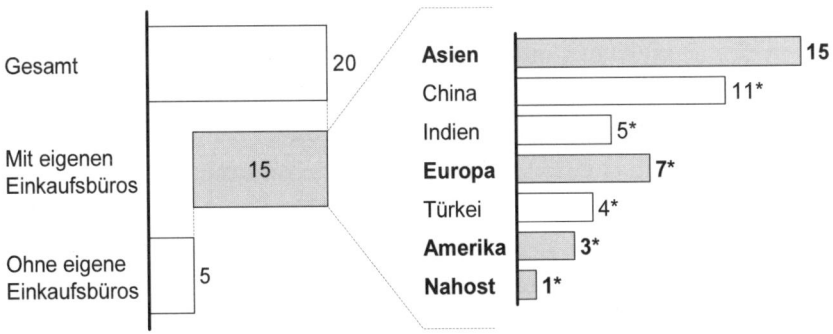

* Jeweils Mindestwerte, da im Gespräch zum Teil nur eine Auswahl von Regionen bzw. Ländern genannt

Abb. 7.2. Existenz eigener Einkaufsbüros (Anzahl befragter Unternehmen)

Auch hier gibt es ein Spektrum denkbarer Lösungen, die zwischen zwei Extremen liegen: Eine Extremlösung besteht darin, dass Einkaufsbüros als reine *Support Offices* behandelt werden und die Zentrale alle wesentlichen Entscheidungen trifft. Die Hauptaufgaben der Büros sind dann:

- *Qualitätssicherung und -kontrolle:* Hier geht es um die Erarbeitung qualitätssichernder Maßnahmen mit dem Lieferanten („QA") und um die Durchführung der Produktkontrollen („QC").

- *Administrative Aufgaben:* Diese umfassen unter anderem die Zollabwicklung und Rechnungsbearbeitung.

- *Laufendes Auftragsmanagement:* Aufgabe der lokalen Büros ist es hier vor allem, die Lieferanten auf Einhaltung des Zeitplans zu kontrollieren.

Im anderen Extrem werden die lokalen Einkaufsbüros als *Full Service Offices* geführt und haben weit reichende Entscheidungsbefugnisse. Konkret können Full Service Offices – zusätzlich zu den bereits genannten Tätigkeiten – folgende Aufgaben übernehmen:

- *Selbstständige Lieferantenwahl:* Einkaufsbüros vor Ort haben in der Regel eine gute Übersicht, welche Lieferanten den gesetzten Anforderungen am besten entsprechen und wie sie aktuell ausgelastet sind. Sie könnten daher in eigener Verantwortung entscheiden, mit wem man zusammenarbeiten sollte. Ein preisorientierter europäischer Händler sagte uns dazu: „Nur unsere Global-Sourcing-Organisation weiß, welche Lieferanten in diesem und im nächsten Monat die gewünschten Kapazitäten bieten."

- *Design:* Ein gutes Beispiel dafür liefert einer unserer Interviewpartner, ein europäischer Markenhersteller, der derzeit in Asien – parallel zum europäischen Standort – Kapazitäten für Fashion Design und technische Entwicklung aufbaut. In fünf bis sechs Jahren soll der Know-how-Transfer abgeschlossen sein, dann wird die Produktentwicklung komplett in den asiatischen Einkaufsbüros geleistet. Die Entwicklung auf Kollektionsebene hingegen bleibt vorerst in Europa – nach Einschätzung unseres Gesprächspartners werden in Asien die erforderlichen Kompetenzen erst in vielen Jahren verfügbar sein.

- *„Value Engineering" mit den Lieferanten:* Die enge Abstimmung mit den Produzenten bei der Produktgestaltung erhöht nicht nur die Geschwindigkeit, sondern trägt auch zu hoher Qualität und geringen Kosten bei.

- *Musterprüfung:* Wenn die lokalen Einkaufsbüros diese übernehmen und nötige Modifikationen gleich direkt vor Ort mit den Lieferanten verabreden, spart auch dies Beschaffungszeit; zudem vermindert der direkte Dialog die Gefahr von Missverständnissen. Derzeit bringen die meisten Markenhersteller und Händler allerdings ihren Einkaufsbüros vor Ort zu wenig Vertrauen entgegen, um ihnen die Musterprüfung zu überlassen – Lieferantenmuster werden fast immer zur Freigabe an die Zentrale geschickt.

Weitere Aufgaben ergeben sich für Full Service Offices an der Schnittstelle zur Zentrale: Diese ist vor allem mit entscheidungsrelevanten Trendinformationen aus den Beschaffungsmärkten zu versorgen. Ein preisorientierter europäischer Händler nannte uns dazu folgendes Beispiel: „Die Beschaffung in der Zentrale will zum Beispiel Stoff in einer 12-Unzen-Denimqualität. Unsere Leute im Einkaufsbüro schlagen jedoch vor, eine 16-Unzen-Ware einzukaufen, weil die vom Markt nach Aussage der Stoffproduzenten besonders nachgefragt wird." Die Übermittlung von Marktinformationen ist für die Zentrale auch wichtig, um die Beschaffungsmärkte besser beurteilen zu können: Welche Möglichkeiten bietet die Region? Welche Vorteile und Nachteile gibt es? Wie gehen wir damit um?

Je nachdem, welche Aufgaben die Einkaufsbüros in welchem Umfang übernehmen, muss natürlich ihr Qualifikationsprofil angelegt sein; klassischerweise stammt der Großteil der Mitarbeiter aus dem Produktionsumfeld. Die wichtigsten Qualifikationen sind:

- Produktions-Know-how für Qualitätssicherung und Lieferantenentwicklung,

- Material-Know-how, wenn Stoff eingekauft wird,

- technisches Produkt-Know-how für eine effektive Kommunikation mit der Zentrale und den Lieferanten sowie für die gesamte Bemusterung und Qualitätskontrolle,

- ökonomisches Know-how, etwa über die relevanten internationalen Handelsregelungen oder lokale Kompetenzen und Preisniveaus,

- analytisches Know-how, etwa für einen Design-to-Cost-Prozess,

- gegebenenfalls methodisches Know-how für das Lieferantenmanagement per Scorecard, die Durchführung von Auktionen und die Verhandlungsführung,

- gegebenenfalls rechtliches Know-how für die Vertragsgestaltung.

In der Praxis geht der Trend klar in Richtung Full Service Offices: Immer mehr Unternehmen verlagern Aufgaben aus den Beschaffungsfunktionen der Zentrale in die lokalen Einkaufsbüros. Vor allem für Händler und Markenhersteller, deren Nutzenversprechen stark auf Trendnähe oder niedrigen Kosten beruht, ist diese Lösung vorteilhaft: Sie verringert die Faktorkosten und reduziert Abstimmungsaufwand; dank der Nähe der Einkaufsbüros zur Fertigung verkürzt sich die Beschaffungszeit.

Unternehmen mit starkem Qualitätsfokus neigen hingegen eher zur Vorsicht, wenn es darum geht, den Einkaufsbüros vor Ort umfassende Verantwortlichkeiten zu übertragen. Viele von ihnen befürchten, das angestrebte Qualitätsniveau nicht halten zu können, wenn wichtige Entscheidungen fern der Zentrale getroffen werden. Käme es tatsächlich so weit, wäre ihr Geschäft stark gefährdet, denn bei diesem Händlertyp können Qualitätsmängel und / oder -inkonsistenzen zu Umsatzeinbußen führen, die durch die Kosteneinsparungen nicht zu kompensieren sind. Mit gutem Grund herrscht dort die Maxime „Safety first", und gerade die Musterprüfungen werden in der Zentrale vorgenommen.

Auch bei der Frage, in welche Region man als erstes Funktionen aus der Zentrale überträgt, spielen Profil und Qualifikation der Mitarbeiter eine wichtige Rolle. Ein nordamerikanischer Händler hat daher aus seinem Pool die Standorte Hongkong und Delhi ausgewählt, um ihnen die Verantwortung für Produkttests wie auch die Beurteilung der Ästhetik zu übertragen: Hier säßen die für diese Zwecke am besten ausgebildeten Mitarbeiter, da es in diesen Städten sehr gute Ingenieurs- und Designschulen gebe.

Aufbau eines lokalen Einkaufsbüros: Auf welche Überlegungen kommt es an?

Ob es für ein Einzelhandelsunternehmen oder einen Markenhersteller überhaupt sinnvoll ist, eigene Einkaufsbüros in seinen Beschaffungsregionen zu eröffnen, hängt vorrangig vom Einkaufsvolumen in der betreffenden Region ab sowie von der durchschnittlichen Höhe der Agentenmarge, die im fraglichen Land bei indirektem Einkauf anfällt. Dazu eine vereinfachte Beispielrechnung: Nehmen wir an, bei indirektem Einkauf beträgt die Marge der Agenten zwischen 4 und 10 Prozent, während bei direktem Einkauf die Kosten eines eigenen, mittelgroßen Einkaufsbüros (von zirka 60 Mitarbeitern) mit rund 3 Millionen Euro jährlich zu Buche schlagen. Bei dieser Konstellation wird der direkte Einkauf über das eigene Büro ab etwa 30 bis 75 Millionen Euro Einkaufsvolumen in der betreffenden Region unterm Strich kostengünstiger.

Zu berücksichtigen ist bei solchen Überlegungen natürlich auch, dass man die Höhe der Agentenprovision mengenabhängig verhandeln kann. Sind die Agentenprovisionen aber nominal sehr niedrig, könnte es eventuell versteckte Margen geben, die sich der Agent vom Produzenten holt – hier muss man also aufpassen.

Auch eine andere Überlegung spielt eine wichtige Rolle: Das Lieferantenmanagement auf eigene Faust, die administrativen Aufgaben und alles andere können zu einer Komplexität führen, die nicht jedes Unternehmen auf sich nehmen will. Wenn entsprechende Kompetenzen fehlen und nicht aufgebaut werden können, ist es eventuell besser, indirekt zu beschaffen und Agentenmargen in Kauf zu nehmen, als das Risiko kostspieliger Fehler einzugehen. Ein lateinamerikanischer Händler sagte uns dazu: „Unser Einkaufsvolumen ist eher niedrig, für uns lohnt es sich daher nicht, ein eigenes Einkaufsbüro zu betreiben, denn der Aufbau der erforderlichen Strukturen kostet eine Menge Geld. Zudem ist es sehr kompliziert, etwa in China geeignete Lieferanten zu finden, schon wegen der Größe des Landes. Auch die erforderlichen administrativen Arbeiten wären für uns zu aufwändig."

Für Markenhersteller und Händler, die zu einem international tätigen Konzern oder Multi-Format-Einzelhändler gehören, können sich hier natürlich attraktive Chancen bieten: Wenn sie die Möglichkeit haben, eine schon vorhandene weltweite Struktur von Einkaufsbüros zu nutzen, können sie Kosten vermeiden. Auch kleinere Unternehmen können so relativ leicht in den direkten Einkauf einsteigen.

Wer die Frage nach dem Aufbau einer Präsenz für sich mit Ja beantwortet hat, muss im nächsten Schritt entscheiden, wo das sinnvoll ist und wie das lokale Büro zu strukturieren ist.

Die richtige Region: Wo ist eine eigene Präsenz sinnvoll?

Fast alle großen Händler unterhalten heute ein weltweites Netzwerk von Einkaufsbüros; die größten Volumina werden dabei in Ostasien, Südostasien und dem indischen Subkontinent eingekauft. Gerade für europäische Unternehmen kann allerdings auch eine Präsenz in der Türkei sinnvoll sein, für amerikanische Firmen bietet es sich eventuell an, ein Einkaufsbüro im karibischen Raum, Mittelamerika oder Mitteleuropa (etwa in Mailand) einzurichten. Denn zum einen sind selbst in der eigenen Weltregion die Lieferanten mitunter zu weit von der Zentrale entfernt, als dass man sie von dort wirksam managen könnte (die Türkei ist für Unternehmen mit Sitz in Deutschland auch nicht eben „um die Ecke"); zum anderen ist für US-Unternehmen eine eigene Präsenz in Mitteleuropa sehr wertvoll, weil sie damit nah an den wichtigen Modetrends sein können. Dazu ein nordamerikanischer Anbieter: „Die USA liegen immer eine Saison hinter Europa zurück. Für uns ist es deshalb wichtig, dass wir von unserem Büro in Italien stets über aktuelle Material- und Fashion-Trends in Italien und Frankreich auf dem Laufenden gehalten werden." In Südamerika hingegen unterhält keines der befragten Unternehmen (auch nicht die 6 US-Firmen) eigene Einkaufsbüros – laut ihren Angaben seien die Einkaufsvolumina dort schlicht zu gering.

Ist ein Büro einmal eingerichtet, kann seine Kapazität nach Bedarf weiter ausgebaut beziehungsweise reduziert werden. Dennoch empfiehlt es sich, bereits bei der Standortwahl mit möglichen Verschiebungen der Beschaffungsmärkte zu planen (siehe auch Kapitel 3). In China zum Beispiel verschiebt sich der Beschaffungsmarkt aktuell nach Norden und ins Inland, und im ehemals sehr fragmentierten indischen Markt entstehen derzeit große industrielle Strukturen, die schon kurzfristig für viele Unternehmen eine Beschaffung in Indien noch interessanter machen könnten. Markenhersteller und Händler können also den Boden für zukünftige Beschaffungserfolge bereiten, wenn sie bereits heute damit beginnen, in den Märkten von morgen in eigene Präsenzen zu investieren und vor Ort gezielt geeignete Lieferanten aufzubauen. Die positiven Effekte einer solchen vorausschauenden Lieferantenentwicklung haben wir in Kapitel 4 erläutert.

Struktur: Hauptbüros mit Satelliten von Vorteil

Hat ein Unternehmen mehrere Einkaufsbüros innerhalb einer Region, so kann die Netzwerkstruktur entweder aus gleichgestellten Büros oder aus einem Hauptbüro (quasi dem „Key Liaison Office" für die Zentrale) und mehreren Satellitenbüros bestehen. In diesem Fall gibt es anstatt einer Ebene von Büros in der Region also zwei Ebenen, wobei das regionale Hauptbüro hierarchisch über den zugehörigen Satellitenbüros steht. Für diese Lösung spricht die Möglichkeit, Gemeinkosten einzusparen – etwa, indem administrative und Managementpositionen auf das Hauptbüro konzentriert werden, oder gegebenenfalls auch das technische Design dort gebündelt wird. Die Satellitenbüros konzentrieren sich dann vorwiegend auf die Qualitätssicherung und -kontrolle bei den Produzenten vor Ort.

Solche Hauptbüros können aufgrund ihrer Marktnähe der Zentrale die Aufgabe abnehmen, die richtigen lokalen Büros für die Auftragsabwicklung anzusteuern. Das verantwortliche Hauptbüro ist dann das Bindeglied zur Zentrale, die Satellitenbüros bilden die Verbindung zu den Lieferanten. Nahezu alle befragten Firmen wählen diese Lösung, sofern sie mehrere Einkaufsbüros in einer Region unterhalten. Für den asiatischen Raum wurde dabei bislang meist Hongkong als Standort des Hauptbüros gewählt. Da allerdings dort die Kosten in den letzten Jahren deutlich gestiegen sind und Hongkong in puncto Produktionsmengen gegenüber Restchina an Bedeutung verloren hat, verlagern immer mehr Unternehmen ihre Hauptbüros nach Shanghai.

Die optimale Größe der einzelnen Büros hängt wiederum in erster Linie von den Einkaufsvolumina in der Region ab; ebenso vom Umfang der Aufgabenübernahme und dem Ausmaß des Outsourcings von Aktivitäten. Entsprechend sind die Einkaufsbüros heute zwischen 5 und weit über 100 Mitarbeiter stark. Dabei hat sich je nach Bürogröße ein Verhältnis von 1–5 zu 20 aus erfahrenen Expatriates und lokalen Kräften bewährt.

Bei den befragten Unternehmen sieht dann der funktionale Split wie folgt aus: Die meisten Mitarbeiter (50 bis 65 Prozent) betreiben Qualitätssicherung und -kontrolle; für Merchandising-Aufgaben und Einkauf sind 25 bis 50 Prozent zuständig, für Logistik und Administration 10 bis 20 Prozent.

Qualifizierte Kräfte sind allerdings nicht in allen Regionen gleich gut zu finden; es tobt ein „Kampf um die besten Köpfe" – erkennbar am rapide wachsenden Umfang der Headhunteraktivitäten in den Beschaffungsländern. Ein nordamerikanischer Händler sagte uns dazu: „In Indien ist es relativ einfach, geeignete Mitarbeiter zu gewinnen. Die Menschen können in der Regel gut Englisch, die Universitäten haben ein hohes Niveau und viele Menschen haben in Europa oder den USA studiert. Zudem verstehen die Inder die westliche Kultur und unsere Gepflogenheiten. Auch Pakistan bietet einen sehr guten Personalmarkt: Das Ausbildungssystem ist großartig, alle zwanzig Pakistani in unserem Office haben einen MBA. Vor allem sind die Menschen hoch motiviert: Sie kennen unser Geschäft und nehmen sich ausgiebig Zeit, den amerikanischen Markt zu studieren. In Bangladesch sieht das alles ganz anders aus – wer hier ein Büro aufmachen möchte, sollte seine Mitarbeiter besser in einem anderen Land rekrutieren."

Zusammenspiel aller Beschaffungseinheiten: Spezialisierung, Wettbewerb und Vertrauen

Wird die Beschaffung über eine Zentrale und internationale Einkaufsbüros gemanagt, liegt eine Herausforderung darin, für ein produktives Miteinander aller beteiligten Einheiten zu sorgen. Drei Erfolgsfaktoren sind hier wesentlich:

- Die Definition klarer Rollen und Verantwortlichkeiten, wobei sich Teams aus funktionalen Spezialisten als vorteilhaftes Modell erwiesen haben,

- das Setzen der richtigen Anreize,

- die Förderung des gegenseitigen Kennenlernens, um Vertrauen aufzubauen.

Spezialisten und funktionsübergreifende Teams

Eines haben viele Händler erkannt: Im regen Dialog von Spezialisten sind die Kosten-, Zeit- und Qualitätsziele der Beschaffung besser zu erreichen als im traditionellen Modell des „Zentraleinkäufers" mit voller Kompetenz. Denn auch hier gilt: Wer alles macht, macht noch lange nicht alles richtig. Aus diesen Gründen setzen immer mehr Unternehmen funktionsübergreifende Teams ein, häufig mit spezialisierten Mitgliedern aus den folgenden Bereichen (Beispiel in Abbildung 7.3):

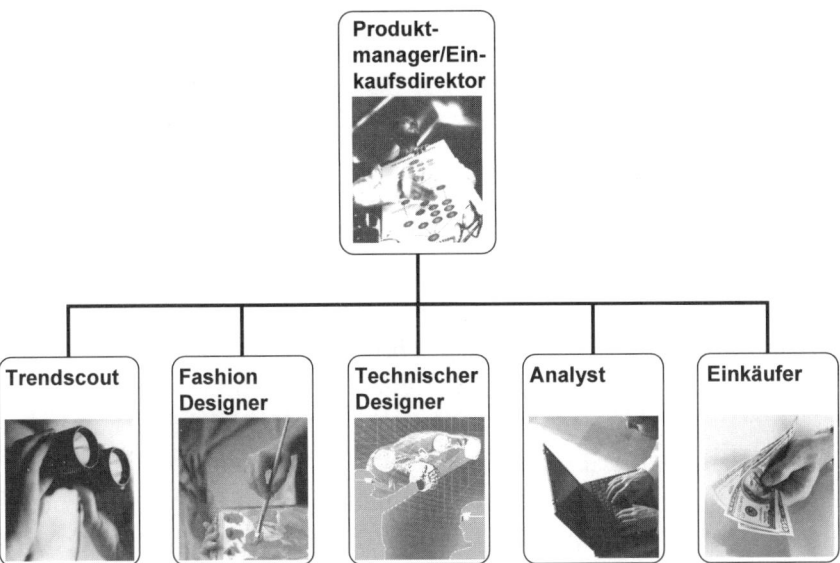

Abb. 7.3. Mögliche Zusammensetzung funktionsübergreifender Beschaffungsteams

- Das *Merchandising* (einschließlich der quantitativen Planung) ist durch einen Produktmanager – manchmal „Einkaufsdirektor" genannt – vertreten, der oftmals die Gesamtleitung innehat; weiterhin durch einen Trendscout und einen Analysten / Planer.

- Das *Design* stellt einen Kreativ- und einen technischen Designer.

- Die *Beschaffungsfunktion* ist vertreten durch einen operativen Einkäufer, ggf. auch durch einen strategischen Einkäufer (beide aus der Zentrale) und zum Teil auch durch einen Vertreter der internationalen Einkaufsorganisation.

Manche Händler integrieren auch Lieferantenvertreter in diese Teams, um die Produkte gemeinsam zu verbessern. Dies dient gleichzeitig auch dazu, die Prozesse zwischen Händler und Lieferanten zu optimieren, und unterstützt somit eine kontinuierliche Lieferantenentwicklung. Sinnvoll ist es, Mitglieder mit Erfahrungen auf unterschiedlichen Gebieten auszuwählen. So streben einige Unternehmen grundsätzlich an, dass alle Mitarbeiter in der Beschaffung auch die Kundenseite – also die Arbeit im Laden – aus eigener Anschauung kennen. Im optimalen Fall können solche Beschaffungsteams damit die Perspektiven der Kunden, der Sortimentierungs- und Beschaffungsorganisation sowie der Lieferanten bei ihren Entscheidungen in Einklang bringen.

Die Arbeit in funktionsübergreifenden Teams bedeutet jedoch nicht, dass die Teammitglieder permanent ein Büro teilen. Eine Möglichkeit, sie dennoch zu einem Team zu integrieren, besteht darin, regelmäßig in Meetings wichtige anstehende Themen zu besprechen – also beispielsweise Fragen wie: Was verkauft sich gerade gut? Wie kann die kommende Produktgeneration aussehen? Welche Erkenntnisse haben sich aus den Reisen der Trendscouts ergeben? Wie können einzelne Produkte in puncto Preis, Trendnähe und Qualität positioniert werden? Neben diesen themenspezifischen Meetings sollten zusätzliche Entscheidungsmeetings vorgesehen werden, bei denen jeweils relevante Meilensteine auf dem Weg zum optimalen Angebot im Mittelpunkt stehen; hier geht es also um Themen wie die Verabschiedung des Kollektionsrahmenplans oder um Mustergenehmigungen.

Die funktionsübergreifenden Teams sollten nicht befristet, sondern auf Dauer bestehen bleiben. Nur so können die Mitglieder gemeinsam Erfahrungen sammeln, die Lernkurve des Teams nach oben ziehen und sich bei Bedarf zielgerichtet spezialisieren. Von diesem Prinzip sollte nur dann abgewichen werden, wenn sich die Rahmenbedingungen der Teamarbeit wesentlich verändern. Das kann beispielsweise dann der Fall sein, wenn die Beschaffungs- und Merchandising-Funktionen neu geschnitten werden – denn eine neue Markenstruktur oder eine neue Produktkategorienstruktur erfordert neues Denken und Handeln. Auch können Teammitglieder, die regelmäßig in direktem Kontakt mit Lieferanten stehen, periodisch ausgewechselt werden (wobei die Kompetenzprofile der Teams beibehalten werden sollten): Ein solches Rotationsprinzip verhindert, dass die persönliche Verbundenheit zwischen Einkäufern und Lieferanten zum Nachteil des eigenen Unternehmens allzu intensiv wird. Zudem bringt ein solcher Wechsel frische Ideen ins Team.

Weiterhin besteht die Möglichkeit, Teams zu festen Abteilungen zusammenzuführen. Diese Lösung empfiehlt sich vor allem dann, wenn die Kompetenzen der Teammitglieder (und somit auch ihre zeitliche Kapazität) nicht von anderen Teams oder organisatorischen Einheiten beansprucht werden müssen. Typisches Beispiel hierfür sind Teams für die profilstärksten Private Labels oder für die Kernkompetenzprodukte.

Wettbewerb statt Auftragsgarantien

Klar definierte Rollen und eine reibungslose funktionsübergreifende Zusammenarbeit sind also wesentliche Erfolgsvoraussetzungen für die Beschaffung. Um dabei sicherzustellen, dass alle Teammitglieder in dieselbe Richtung ziehen, ist das richtige Anreizsystem unverzichtbar. Gut geeignet ist zum Beispiel ein erfolgsabhängiges Bonussystem, wobei die mit der Ware erzielte Nettomarge als Messgröße fungieren kann (vgl. Ausführungen in Kapitel 1). Auf

Basis dieser Messgröße kann das Anreizsystem für die Einkaufsbüros vor Ort und die Beschaffungsfunktionen in der Zentrale konsistent gestaltet werden. Die internationale Organisation kann trotzdem als Cost Center geführt werden, in dem – basierend auf der definierten Messgröße – ein Bonussystem für die Verantwortlichen etabliert wird.

In der Praxis scheint sich auch die Führung der Einkaufsbüros als Profit Center bewährt zu haben. Die Gründe sind nachvollziehbar: Ein internationales Einkaufsbüro kann nur dann bestehen, wenn es dauerhaft zu besseren Ergebnissen führt als andere Büros und als der indirekte Einkauf über Importeure und Agenten. Das wiederum ist nur möglich, wenn die Büros in ständigem Wettbewerb miteinander stehen, wobei die Bedingungen und Ergebnisse unbedingt offen gelegt werden sollten. Nicht umsonst gibt kaum ein erfolgreiches Unternehmen seinen internationalen Einkaufsbüros Auftragsgarantien. Zur Förderung eines solchen Wettbewerbs kann festgelegt werden, dass immer dann, wenn die Beschaffung eines Programms ansteht, mehrere Offices gegeneinander bieten (optimalerweise unter Nutzung von Electronic-Auctioning-Plattformen wie Agentrics). Zu dieser Philosophie gehört auch, dass Einkaufsbüros eine Strafzahlung entrichten müssen, wenn sie nicht vertragsgemäß liefern; einige Händler behalten sich vor, das Auftragsvolumen einzelner Büros nach Schlechtlieferungen zu reduzieren.

Eventuell können auch Agenten eingeladen werden, ihre Angebote abzugeben, dann sollte allerdings den eigenen Büros ein Recht auf das letzte Gebot eingeräumt werden. Hier ist zu beachten, dass es für einen Einmalauftrag stets billigere Alternativangebote geben wird; folglich ist für einen fairen Vergleich auch die Nachhaltigkeit des Angebots zu prüfen.

Einkaufsbüros können dann am besten wirtschaften und somit auch in einem Vergabeprozess die besten Angebote abgeben, wenn sie das gesamte Einkaufsvolumen eines Programms bündeln. Geht es allerdings um große Volumina auf Ebene von Produktfamilien, kann es zur Risikobegrenzung besser sein, sie auf mehrere Büros beziehungsweise Regionen zu verteilen.

Vertrauen schaffen – Kennenlernen fördern

Jede Struktur wird erst durch die Menschen mit Leben gefüllt: Sie engagieren sich dafür, dass aus Kundenwünschen attraktive Produkte werden, und tragen – jeder an seinem Platz – ihren Teil dazu bei, dass aus Beschaffungszielen unternehmerische Erfolge werden. Grundvoraussetzung dafür ist das wohlbegründete Vertrauen jedes Mitarbeiters in die Leistungsbereitschaft und Leistungskraft der Anderen.

Dies gilt vor allem für das Verhältnis zwischen den Einheiten in den Beschaffungsregionen und denen im Absatzmarkt. Um Vertrauen aufzubauen, sollten die Mitarbeiter der Beschaffungseinheiten in der Zentrale sowie der internationalen Einkaufsbüros einander kennen lernen. Dabei geht es auch darum, informelle Verbindungen zwischen beiden Seiten aufzubauen, die ein effizientes Miteinander im Tagesgeschäft und bei Problemen fördern. Bei Wal-Mart zum Beispiel verbringen die Mitarbeiter der Global Sourcing Organisation zwei Monate in Bentonville zum Kennenlernen und Training. Weiterhin hat sich bewährt, dass die Mitarbeiter der Einkaufsbüros auch die Läden im Absatzmarkt besuchen und die jeweils verantwortlichen Produktmanager treffen: So sehen sie, in welchem Umfeld die Produkte angeboten werden und welche Kunden mit welchen Anforderungen die Stores besuchen. Je kreativer die Tätigkeit eines Einkaufsmitarbeiters, desto wichtiger ist es für ihn, die Atmosphäre in den Läden zu spüren und sich einen unmittelbaren Eindruck von Kunden und Produktpräsentation zu verschaffen.

Ein weiteres Mittel, um gegenseitiges Vertrauen und übereinstimmende Vorstellungen von Zielen und Aufgaben zu erreichen, sind gemeinsame Schulungen für die Mitarbeiter aller Beschaffungseinheiten (aus der Zentrale und den Einkaufsbüros). Zusätzlich kann darüber nachgedacht werden, für den Leiter der internationalen Beschaffungsorganisation ein Büro in der Zentrale einzurichten – er kann die Funktion einer „Key Liaison" übernehmen. Eines der befragten Unternehmen hat eine separate Funktion als Mittler zwischen Zentrale und Einkaufsbüros etabliert – den so genannten Sourcing Product Manager. Dieser stellt sicher, dass einerseits das Office genau das liefert, was die Beschaffung in der Zentrale will, und dass andererseits die Produktgestalter genau wissen, etwa welche Rohwaren auf dem Beschaffungsmarkt aktuell gut laufen.

Auch dort, wo ein persönliches Kennenlernen nicht oder nur eingeschränkt möglich ist, können die Mitarbeiter der Zentrale mit ihren Kolleginnen und Kollegen in den Einkaufsbüros dank moderner technischer Lösungen täglich kommunizieren und arbeiten, selbst über weite Entfernungen. So können beispielsweise Anproben im asiatischen Büro per Videokonferenz in die Zentrale übertragen werden; das spart Zeit und geht in vielen Fällen kaum auf Kosten der Qualitätsbeurteilung, wie uns einer unserer nordamerikanischen Interviewpartner bestätigte: „Die Übertragungstechnik ist heute so gut, dass ich sogar die Nähte bestens erkennen kann." In Ausnahmefällen wird heute die Bemusterung sogar schon per Digitalkamera direkt vom Produzenten aus durchgeführt – was allerdings kritisch zu sehen ist, denn die wichtige Qualitätsdimension Haptik kann auf diesem Wege ja nicht überprüft werden.

Die richtige Aufbauorganisation ist also erfolgskritisch und richtet sich nach dem jeweiligen Geschäftsmodell: Wer als Premiumanbieter seinen Kunden vor allem Qualität und Trendnähe bieten will, wird eine andere Struktur für seine Beschaffung wählen als ein Discounter. Ungeachtet solcher Unterschiede zeichnet sich jedoch ab, dass künftig immer mehr Händler Beschaffungsaufgaben aus der Zentrale in die Einkaufsbüros vor Ort übertragen. Wie dem auch sei: Der Erfolg der Aufbauorganisation steht und fällt mit der Fähigkeit, ein vertrauensvolles Miteinander zu fördern.

Aufbauorganisation:
Interviewpartner schildern ihre Praxis

NORDAMERIKANISCHE GROSSMARKTKETTE

Funktionsübergreifender und weltumspannender Ansatz

*Die nordamerikanische Kette hat ihre Beschaffung in der Zentrale in seg-
ment- und funktionsübergreifende Teams strukturiert. In der Zusammenarbeit mit den lokalen Einkaufsbüros hat sich das Zwischenschalten regionaler Hauptbüros bewährt.*

„In der Zentrale spiegelt die Struktur unserer Beschaffungsorganisation
exakt die der Merchandising-Organisation: Beide sind nach Kundende-
mografie und Produktkategorie gegliedert. Es gibt also ein Beschaffungs-
team für Damen-Tops aus Maschenware, eins für gewebte Damenhosen,
eins für Kinder-Outerwear und so weiter. Der Grund für die gespiegelte
Struktur ist, dass wir in funktionsübergreifenden Teams zusammen mit den
Sortimentierern arbeiten. Die Teams treffen sich wöchentlich, zusätzlich
zu den regulären Meilensteintreffen. Wir sehen uns in der Beschaffung als
Bindeglied zwischen unseren internen Kunden – das sind die Sortimentierer
–, den Designern und den Lieferanten.

Die Zentrale trifft die Entscheidung darüber, welches Einkaufsbüro wir
beauftragen und in welchem Land und von welchem Lieferanten produziert werden soll. Außerdem ist die Zentrale verantwortlich für die Gestaltung des ‚Global-Sourcing-Plans', der sicherstellt, dass wir ein ausgewo-
genes Vergabeverhältnis auf Länder- und auf Lieferantenebene haben.

Jedes der funktionsübergreifenden Teams ist für alle Teilsortimente eines
Produkttyps zuständig, von Flashes bis NOS. Es gibt keine Spezialisierung
nach unterschiedlichen Geschwindigkeiten. Wenn das Team etwas mit kürzerer Lieferzeit benötigt, wählt es einfach andere Lieferländer in Übersee.

Lokale Einkaufsbüros unterhalten wir in Zentralamerika, Fernost, auf dem
indischen Subkontinent und in Europa. Sie sind sehr unterschiedlich
groß, abhängig vom Beschaffungsvolumen aus der jeweiligen Region. Jedes Büro hat sein besonderes Know-how, je nach der Lieferantenbasis in
der Region und den spezifischen Produkten. Die Büros sind vor allem für
die Qualitätssicherung und -kontrolle zuständig, außerdem für die Produk-
tionsplanung und Auftragsabwicklung sowie teilweise für die Bemusterung inklusive Korrekturschleifen in Zusammenarbeit mit den Lieferanten.

Außerdem haben wir regionale Hauptbüros in Asien und Europa, in denen das Senior Management und die administrativen Aufgaben gebündelt sind. Über diese Büros läuft die Kommunikation zwischen den lokalen Satellitenbüros und der Zentrale. Wenn wir das Gefühl haben, dass Asien die richtige Region ist, um ein bestimmtes Programm zu beschaffen, dann wenden wir uns an das Hauptbüro in Hongkong, anstatt alle asiatischen Büros direkt zu kontaktieren. Das Hauptbüro nimmt Kontakt mit den einzelnen Büros auf, sorgt für den Informationsaustausch zwischen ihnen und hilft damit uns in der Zentrale, die am besten geeigneten Lieferanten herauszufiltern. Außerdem liefern die Hauptbüros der Zentrale Informationen darüber, was aktuell in den lokalen Beschaffungsmärkten passiert und unsere Auftragszuteilung beeinflussen könnte."

EUROPÄISCHER LUXUSMARKENANBIETER

Technologieorientierung und interner Wettbewerb

Dieser Anbieter hat seine Beschaffungsorganisation nach Fertigungstechnologien gegliedert. Seine Einkaufsbüros tragen umfangreiche regionale Verantwortung und stehen im Wettbewerb miteinander.

„Wir haben verschiedene Produktdivisionen in den Bereichen Supply Chain und Operations; sie sind nach der jeweils eingesetzten Produktionstechnologie und nicht nach Marken unterteilt. Denn die Beschaffungsmärkte, die verarbeiteten Materialien und dergleichen werden von der Produktionstechnologie dominiert. Innerhalb der Produktdivisionen sind verschiedene Funktionen angeordnet, in jeder Sparte andere. Aber immer haben wir drei Grundfunktionen: die rein technische, ingenieurmäßige Produktentwicklung, dann die eigentliche Beschaffung und das Produktionsmanagement.

Die technische Produktentwicklung ist markengetrieben. Das Produktionsmanagement ist organisiert nach Beschaffungsmärkten oder sogar Lieferanten. In der Beschaffung ist es unterschiedlich, da fahren wir beide Modelle: Die dispositiven Entscheidungen werden je nach Marke getroffen, die operativen Themen, also Ansteuerung von Fabriken und so weiter, nach Beschaffungsregion bearbeitet. Die wesentlichen Aufgaben unserer Zentrale in der Beschaffung sind die direkte Ansteuerung von Osteuropa und Nordafrika sowie der Eigenfertigung.

Wir haben drei Einkaufsbüros, zwei davon in China, eines in der Türkei. Unser China-Geschäft läuft komplett über die beiden chinesischen Büros, das Türkei-Business größtenteils über das türkische. Alle Büros haben ein eigenes Sourcing, eine eigene Verwaltung, ein eigenes Produktionsmanagement. Die Büros sind auf bestimmte Produktkategorien spezialisiert.

Unser Ziel ist es, die Einkaufsbüros als ‚Full Service Offices' zu betreiben – sozusagen als eigenständige Satelliten der Zentrale, die im Gegenzug ihre methodische Kompetenz einbringt. Im Moment fahren wir aber je nach Reifegrad des Einkaufsbüros und der Produktdivision noch unterschiedliche Modelle.

Wir legen großen Wert auf Wettbewerb zwischen den Offices – und das auf vollständig transparenter Basis. Das eine Büro weiß vom anderen und kennt auch die Daten des anderen, so dass wir fundierte Allokationsentscheidungen treffen können.

Eine wichtige Funktion der Einkaufsbüros ist, die Informationen aus den einzelnen Märkten in den Konzern zu bringen. Ob ein Office viel Volumen abwickelt, ist gar nicht mal das Entscheidende. Entscheidend aus Sicht des Gesamtunternehmens ist, dass wir die Beschaffungsmärkte sauber explorieren können, dass wir zum Beispiel wissen, was man in China machen kann und wie."

8 So wächst Ihre Beschaffung in die neue Rolle: Empfehlungen für ein Verbesserungsprogramm

In den vorangegangenen Kapiteln haben wir gezeigt, wie die Beschaffung gezielt auf Geschäftsmodell und Zielkundschaft ausgerichtet werden kann – und dass sich das unter dem Strich für Ihr gesamtes Geschäft auszahlt. Dieses Kapitel beschreibt nun, wie Sie diese Verbesserungen realisieren können: Lesen Sie, warum die Projektform am effektivsten ist und wie die Phasen eines Verbesserungsprogramms zu gestalten sind.

Der Arbeitsmodus: Projektform klar von Vorteil

Wie wir gesehen haben, spielt die Beschaffung im Bekleidungseinzelhandel eine zentrale Rolle: Ist sie optimal ausgerichtet und gestaltet, trägt sie erheblich zum Gesamterfolg des Unternehmens bei; sei es durch direkte Kosteneinsparung oder – über verbesserte Geschwindigkeit und / oder Qualität – durch spürbare Umsatzzuwächse. Es kann sich also für Händler und Markenanbieter jedweden Typs in barer Münze auszahlen, wenn sie ihre Beschaffung auf den Prüfstand stellen und weiter optimieren: Es gilt, den Wertbeitrag der Beschaffung zum Unternehmenserfolg deutlich und messbar zu steigern.

Dazu reicht es aber in aller Regel nicht aus, im Tagesgeschäft, quasi „en passant", hier einen Arbeitsablauf zu straffen und dort ein organisatorisches Detail zu verändern. Natürlich sind solche kontinuierlichen Verbesserungen wichtig und notwendig – doch müssen immer mehr Unternehmen feststellen, dass die größten Potenziale in der weltweiten Beschaffung nur durch eine regelrechte „Rundum-Erneuerung" und mit energischer Unterstützung des Top-Managements zu erschließen sind. Denn:

- Im Rahmen eines Projekts können alle Verbesserungsanstrengungen im gesamten Beschaffungssystem koordiniert und gemeinsam auf die übergreifenden strategischen Ziele ausgerichtet werden.

- Die Projektform signalisiert allen Beteiligten, dass es um eine große Herausforderung geht. Jedem Mitarbeiter ist daher schnell klar: Es gilt, die Ärmel hochzukrempeln, mit anzupacken und ganz neue Arbeitsweisen zu etablieren – und nicht darum, neben dem „Business as Usual" vielleicht noch ein bisschen Extrazeit zu investieren.

- Sowohl die nötigen Veränderungen an Strukturen und Prozessen als auch die resultierenden Anpassungen im Fähigkeitsprofil der Mitarbeiter können so umfangreich sein, dass man sie nicht im Tagesgeschäft „einbauen" kann.

Und selbst wer schon einmal ein Verbesserungsprogramm durchgeführt hat, kann sich nicht auf Dauer auf die positiven Effekte verlassen: Kundenwünsche verändern sich, Beschaffungsmärkte sind im steten Wandel, und auch die Konkurrenz entwickelt sich weiter. Nicht ohne Grund sehen die Rahmenbedingungen der Beschaffung in der Textilwirtschaft heute ganz anders aus als noch vor wenigen Jahren. Und morgen werden sie wieder ein völlig verändertes Bild abgeben – angesichts zusammenwachsender Märkte und einer weiter voranschreitenden Deregulierung ist dies schon heute abzusehen. All diese Veränderungen wirken sich massiv auf die Beschaffungspraxis aus. Mit anderen Worten: Selbst wenn ein Unternehmen bei Wettbewerbsvergleichen (beispielsweise zum Waren-Rohertrag) gut abschneidet, heißt das nicht, dass ein Verbesserungsprogramm nicht weitere willkommene Potenziale freisetzen kann.

Die einzelnen Phasen: Ablauf und Erfolgsfaktoren

Der Erfolg von Verbesserungsprogrammen gründet sich auf Systematik und Struktur. In vielen Fällen hat sich die Gliederung in eine Vorbereitungsphase, eine Strategiephase sowie eine Optimierungsphase mit drei parallel verlaufenden Arbeitssträngen als effektiv erwiesen (Abbildung 8.1):

- In der *Vorbereitungsphase* wird der inhaltliche und organisatorische Rahmen gesetzt.

- In der anschließenden *Strategiephase* wird die Beschaffungsstrategie des Unternehmens pro Kategorie oder Teilsortiment festgelegt (beziehungsweise hinterfragt und gegebenenfalls modifiziert).

- Im *ersten Arbeitsstrang* der Optimierungsphase werden für jede Kategorie in Pilot- und Rollout-Wellen Optimierungsmaßnahmen erarbeitet.

Vorbereitungs-phase	Definition übergreifende Einkaufsstrategie	Kategorienweise Einkaufsoptimierung in Pilot- und Rollout-Wellen
• Diagnose • Zielformulierung • Abstimmung Zeitplan • Abstimmung Projektorganisation • Erreichen Stakeholder Buy-in	• Welche Wertkettenstrategien sind die richtigen? • Welche Beschaffungsländer brauchen wir? • Welches Lieferantenmanagement benötigen wir? • Welche Logistiklösungen wählen wir? • Welche Steuerlogiken sind geeignet? • Welche Aufbauorganisation sollten wir wählen?	• Datensammlung • Ideengenerierung • Verhandlungen intern und extern • Entwicklung neuer Beschaffungsstrategien • Absicherung und Realisierung Potenziale • Kontrolle
		Ggf. Neudefinition Einkaufsorganisation und Kerneinkaufsprozesse
		• Klare Definition neuer Organisationsstruktur • Klare Definition standardisierter neuer Prozesse • Bereitstellung IT-Systeme und -Tools
		Aufbau Kompetenzen und Kapazitäten
		• Interner Aufbau • Neueinstellung

Abb. 8.1. Ablauf eines Verbesserungsprogramms in der Beschaffung

- Im *zweiten Arbeitsstrang* der Optimierungsphase werden die Aufbauorganisation und Kernprozesse der Beschaffung, je nach den Ergebnissen des ersten Arbeitsstrangs, gegebenenfalls neu definiert.

- Der *dritte Arbeitsstrang* der Optimierungsphase ist dem Aufbau nötiger Kompetenzen und Kapazitäten in den verschiedenen Organisationseinheiten gewidmet.

Die drei Arbeitsstränge der Optimierungsphase verlaufen in der Regel weitestgehend parallel, da sie teils ineinander greifen. Je nach Umfang und Komplexität des Beschaffungsvolumens wie auch der Aufbauorganisation und Prozesse, und abhängig von der Ressourcenausstattung des Projekts selbst, ist die Gesamtprojektdauer mit bis zu zwei Jahren anzusetzen.

Vorbereitungsphase: Die Basis für Erfolg schaffen

Diese erste Phase, für die in der Regel ein bis zwei Monate anzusetzen sind, umfasst fünf Schritte: Nach detaillierter Erfassung des Status quo werden die Zielsetzung des Programms, der Zeitplan und die Projektorganisation definiert und abschließend mit den Entscheidungsträgern vereinbart.

1. Diagnose des Status quo. Basis jeder Verbesserung sind valide Daten über die Ausgangssituation. Entsprechend muss in dieser Phase eine detaillierte Datenbasis über die Einkaufsvolumina aller Unternehmensbereiche erstellt werden, wobei nach verschiedenen Kriterien geschnitten werden kann:

- nach Marken / Eigenmarken / Submarken,

- nach Produktkategorien (Strickpullover, Jeans …),

- nach Teilsortimenten (z.B. NOS, Themenware),

- nach Wertkettenstrategien (Vollkauf, CMT etc.),

- nach Beschaffungsländern,

- nach Wettbewerbssituation,

- nach Lieferanten,

- gegebenenfalls nach Beförderungsarten,

- gegebenenfalls nach Steuerprinzip (Push oder Pull).

Für jede Einheit (je nach gewähltem Schnitt) sind die Profitabilität, Kostenstruktur und Lieferzeiten zu erfassen – idealerweise im Vergleich zu den entsprechenden Leistungen der Wettbewerber. Im Ergebnis lassen sich schon erste Aussagen darüber ableiten, welche Potenziale zum Beispiel bei einer unternehmensweiten oder lieferantenspezifischen Konsolidierung des Einkaufsvolumens und / oder bei einer unternehmensweiten Materialharmonisierung (mit den entsprechenden Skaleneffekten) zu realisieren wären. Als Nächstes werden die Kerneinkaufsprozesse abgebildet und qualitativ bewertet. Dabei sind auch die Aufteilung der Verantwortlichkeiten sowie die Schnittstellen, Berichtswege / Entscheidungsbefugnisse und Anreizsysteme festzuhalten.

Und nicht zuletzt gilt es, sich ein klares Bild davon zu machen, wie gut die Zusammenarbeit zwischen den Organisationseinheiten funktioniert. Mittel dazu sind eingehende (Einzel-)Gespräche mit den Betreffenden, um „die Chemie" zwischen ihnen zu erspüren. Sehr hilfreich ist häufig auch eine anonyme, computergestützte Befragung der Mitarbeiter über die Kompetenzen der jeweils anderen Organisationseinheiten: Wie denkt man beispielsweise im chinesischen Einkaufsbüro über die Leistungsfähigkeit der zentralen Beschaffung? Was könnte diese in der Zusammenarbeit besser machen?

2. Formulierung eines Verbesserungsziels. Basierend auf ersten Ideen und Hypothesen werden nun mögliche Verbesserungen in den Dimensionen Zeit, Kosten und Qualität quantitativ beziehungsweise qualitativ bewertet und verbindlich festgeschrieben – sowohl für das gesamte Projekt als auch für die einzelnen Kategorien. In der Regel werden diese Potenziale relativ zu einem gegebenen Basisjahr ausgedrückt.

Diese Ziele sollten so angesetzt werden, dass sie zwar möglichst ehrgeizig, aber noch realisierbar sind. Grundlage ist meist die Einschätzung der gehobenen Führungsebenen in der Beschaffung und anderen relevanten Funktionen, die in ausführlichen Interviews ermittelt werden kann. Die Manager sollten dabei zu Priorisierungszwecken auch gefragt werden, wie sie die Realisierbarkeit dieser Potenziale einschätzen. Zusätzlich wird dann noch das Optimierungspotenzial in der Aufbauorganisation definiert, basierend auf den identifizierten Schwachstellen.

3. Abstimmung eines Zeitplans für das Gesamtprogramm. Dabei geht es vor allem darum, die „Wellenlogik" des ersten Arbeitsstrangs (Einkaufsoptimierung je Kategorie; siehe auch entsprechenden Abschnitt) zu definieren: Festgelegt wird beispielsweise, welche Kategorien in welcher Welle betrachtet werden und wie viel Zeit die Einzelwellen voraussichtlich jeweils in Anspruch nehmen werden.

Als wichtiger erster Meilenstein sollte in jedem Fall ein Kickoff-Termin mit allen Beteiligten eingeplant werden. Bei dieser Zusammenkunft werden die gemeinsamen Ziele klar beschrieben, wobei das Top-Management deutlich macht, dass es von dieser Zielsetzung überzeugt ist. Darüber hinaus gilt es sicherzustellen, dass alle Beteiligten eine übereinstimmende Vorstellung von den Projektarbeiten haben. Letztere werden dann an Arbeitsteams verteilt, der Zeitplan wird detailliert vorgestellt und begründet. Vor allem aber werden alle Beteiligten auf die anstehende Aufgabe eingeschworen und dazu motiviert, die Herausforderung anzunehmen.

4. Abstimmung der Projektorganisation. Alle Beteiligten müssen darüber informiert sein, wer welche Aufgaben, Kompetenzen und Verantwortlichkeiten hat und wie die jeweiligen Abstimmungswege aussehen. Daher bietet es sich an, folgende Funktionen beziehungsweise organisatorischen Einheiten festzulegen:

- ein möglichst hochrangiges Entscheidungsgremium („Lenkungsausschuss"),

- einen Projektleiter mit inhaltlicher und operativer Gesamtverantwortung,

- funktionsübergreifende Arbeitsteams je Teilprojekt / Kategorie (zum Beispiel 6 Teams mit jeweils einem Leiter),

- eventuell ein Kernteam, das aus Projektleiter und Arbeitsteamleitern für die Koordination besteht,

- eventuell ein Projektbüro zur administrativen Entlastung der Teams.

Die eigentliche Optimierungsarbeit – also die Entwicklung und Diskussion von Verbesserungsideen, die Übersetzung in Maßnahmenpläne und die Umsetzung der Maßnahmen – ist Aufgabe je eines funktionsübergreifenden Arbeitsteams mit eigenem Teamleiter pro Teilprojekt. Funktionsübergreifend heißt hier, dass sowohl die verschiedenen Einheiten innerhalb der Beschaffung selbst als auch angrenzende Funktionen einbezogen werden – es werden also auch Workshops mit den chinesischen Einkäufern und den Logistikern durchgeführt. Arbeitsteamleiter sollte in der Regel ein Einkaufsmanager aus der betrachteten Kategorie sein. Er wird – im Gegensatz zu den anderen Teammitgliedern – zu 100 Prozent vom Tagesgeschäft freigestellt. Die Aufgabe sollte dabei als Karrieresprungbrett in der Organisation positioniert werden, um die leistungsfähigsten Mitarbeiter dafür gewinnen zu können.

Wichtig ist festzulegen, in welchem Rhythmus und zu welchen Anlässen das Entscheidungsgremium zusammentrifft. Üblich sind regelmäßige Meetings, bei denen die Arbeitsteams ihre erarbeiteten Verbesserungsmaßnahmen sowie aktuelle Probleme und akuten Entscheidungsbedarf dem Gremium vorstellen, so dass dieses die Erfolgswahrscheinlichkeit beurteilen und die aussichtsreichsten Maßnahmen zur Weiterverfolgung und Umsetzung freigeben kann.

5. Überzeugung der Verantwortlichen. Einer der Haupterfolgsfaktoren für die Vorbereitungsphase ist, dass alle relevanten Abteilungen eingebunden werden und auch die gesamte Führungsebene des Unternehmens in dieser Hinsicht an einem Strang zieht. Alle Beteiligten müssen vom Sinn des Projekts und von der definierten Zielsetzung überzeugt sein – und dazu bereit, die nötigen Ressourcen abzustellen. Besonders erfolgreich sind Programme, die vom CEO oder dem verantwortlichen Mitglied der Geschäftsleitung in persönlichem Einsatz vorangetrieben werden.

Definition der übergreifenden Einkaufsstrategie

Ausgehend von der übergreifenden, zielgruppengerichteten Positionierung des Unternehmens in den Dimensionen Preis, Qualität und Geschwindigkeit, und entsprechend den spezifischen Beschaffungszielen für die einzelnen Teilsortimente, sind nun für jedes Teilsortiment übergreifend die Fragen zu beantworten, die in den vorangegangenen Kapiteln im Detail erläutert wurden:

- *Welche Supply-Chain-Strategien sind die richtigen?* Hier ist insbesondere zu berücksichtigen, dass mit wachsender Kontrolle über die Wertschöpfungskette vor allem der Stoffeinkauf an Bedeutung gewinnen sollte (vgl. Kapitel 2).

- *Welche Beschaffungsländer wählen wir?* Bei dieser Frage sind auch absehbare Änderungen in den Rahmenbedingungen zu berücksichtigen, wie etwa die Hinwendung chinesischer Produzenten zum Binnenmarkt und die zunehmende Kritik an langen und CO_2-intensiven Transportwegen (vgl. Kapitel 3). Hier bieten sich sogar konkrete Differenzierungschancen – beispielsweise durch Beschränkung auf Länder mit den höchsten Umweltstandards und Hervorhebung dieser Tatsache in der Außenkommunikation.

- *Welche Lieferanten brauchen wir, und wie managen wir sie?* Im Rahmen der Professionalisierung des internationalen Einkaufs gilt es vor allem, einen festen Pool an „strategischen Lieferanten" zu definieren und gezielte Lieferantenentwicklung zu betreiben (vgl. Kapitel 4). Hinzu kommt die stärkere Kontrolle von Compliance-Themen; so etwa der vertragliche Ausschluss der Fremdvergabe zur zuverlässigeren Vermeidung von Kinderarbeit.

- *Welche Logistiklösungen wählen wir?* Hier geht es vor allem um die Umstellung auf CO_2-ärmere Transportmittel (vgl. Kapitel 5).

- *Welche Steuerlogik ist für unsere Zwecke die beste?* Dem allgemeinen Trend folgend, dürfte die Überprüfung dieser Frage vielfach zu einem Übergang von Push zu Pull führen (vgl. Kapitel 6).

- *Welche Aufbauorganisation brauchen wir?* Hier geht die Tendenz, wie beschrieben, zunehmend zu einer Struktur aus Teams mit Spezialisten (vgl. Kapitel 7).

Erster Arbeitsstrang der Optimierungsphase:
Einkaufsoptimierung je Kategorie

Die Optimierung der Beschaffung pro Produktkategorie oder Teilsortiment (NOS, Themen etc.) – der zentrale Arbeitsstrang innerhalb der Projektarbeiten – verläuft in zwei Phasen: Auf eine Pilotwelle folgen umfassende Rollout-Wellen.

Die Pilotwelle umfasst Teilprojekte, in denen ausgewählte Kategorien untersucht werden. Kategorien sind dabei entweder Produkttypen (wie Fertigprodukte oder Rohwaren) oder seltener auch Teilsortimente (z.B. NOS, Fast Fashion, Themenware, Promotions).

Erfolgskritisch ist dabei, dass schon in der Pilotwelle eine möglichst hohe Komplexität abgedeckt wird, so dass man für den anschließenden Rollout einen Großteil der Herausforderungen bereits adressiert weiß. Das heißt: Alle Beschaffungsschritte – von der Ermittlung formatspezifischer Bedürfnisse und relevanter Beschaffungsländer bis hin zu Produktion, Lieferung und Auftragsverfolgung – sollten abgedeckt werden. Zudem sollten die Mitarbeiter in dieser Phase lernen, in funktionsübergreifenden Teams zu arbeiten (sofern solche Teams nicht bereits etabliert sind).

Die Pilotprojekte gelten als erfolgreich, wenn sie das Ergebnispotenzial und die Realisierbarkeit der jeweiligen Verbesserungsmaßnahmen bestätigen.

Die Auswahl der konkreten Produktkategorie für eine bestimmte Welle richtet sich zum einen nach der Höhe des Verbesserungspotenzials (in Kosten, Qualität, Geschwindigkeit), zum anderen nach der Schwierigkeit (also Arbeitsumfang und Komplexität) der Realisierung. Anders gesagt: Je höher das Potenzial für eine Kategorie und je leichter voraussichtlich dessen Realisierung, desto vorrangiger wird man diese Kategorie in den Rollout-Wellen oder sogar schon in der Pilotwelle unter die Lupe nehmen. Gerade für die Pilotwelle sollten Kategorien ausgewählt werden, die schnelle Erfolge versprechen: Diese tragen erheblich zur Motivation aller Beteiligten bei, denn sie führen ihnen vor Augen, wie groß die Verbesserungsmöglichkeiten sind und wie wichtig demnach das Projekt ist.

Die Optimierung selbst verläuft dann für jede Kategorie in einem 6-stufigen Prozess, wobei manche Schritte mehrmals durchlaufen werden (siehe Abbildung 8.2):

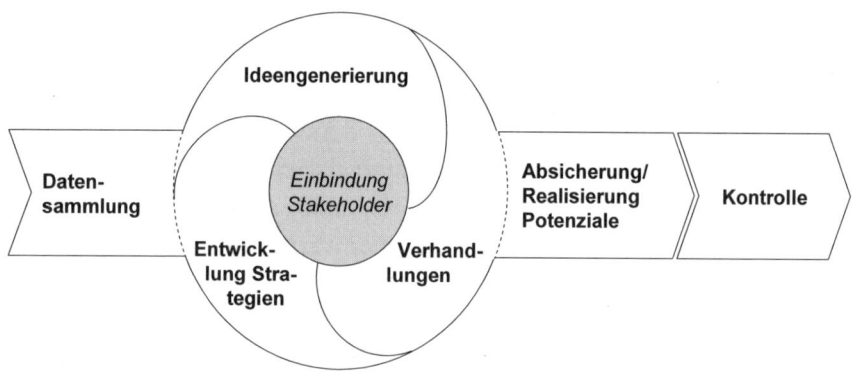

Abb. 8.2. Ablauf der kategorienweisen Einkaufsoptimierung

- *Datensammlung:* Nachdem in der Vorbereitungsphase Datentransparenz auf Ebene der Produktkategorien geschaffen wurde, geht es nun darum, dasselbe eine Stufe tiefer auf SKU-Ebene zu bewerkstelligen: Welche Produkte mit welchen Merkmalen wurden bei welchem Lieferanten zu welchen Konditionen gekauft? Die hier zu erfassenden Daten – welche in der Regel auch manuelle Eingaben erfordern – bestimmen sich aus den in der vorangegangenen Phase grob definierten Stoßrichtungen zur Einkaufsoptimierung in der spezifischen Kategorie.

- *Ideenentwicklung:* Basierend auf den spezifischen Verbesserungszielen bezüglich Zeit, Kosten und Qualität sind zunächst für jede Produktkategorie (jedes Teilsortiment) Verbesserungsideen zu entwickeln, in der Regel durch ein intensives Brainstorming sowie die Analyse der eingangs gesammelten Daten. Ergänzend sind in Abstimmung mit allen von den Verbesserungsmaßnahmen Betroffenen die mit diesen Verbesserungen einhergehenden Potenziale zu quantifizieren und zu verifizieren. Idealerweise werden dabei auch die Lieferanten im Rahmen gemeinsamer Workshops oder Fabrikbesuche mit einbezogen.

- *Verhandlungen intern und extern:* Anschließend gilt es, die Einsparideen zu priorisieren und alle internen Beteiligten von der Sinnhaftigkeit der Änderungen zu überzeugen. Auch die Lieferantenverhandlungen müssen nun vorbereitet werden. Dazu wird zunächst eine Liste potenzieller Lieferanten aufgestellt, dann werden Bewertungskriterien für deren Angebote definiert, und schließlich werden die Produktspezifikationen detailliert und an die potenziellen Lieferanten mit der Bitte um entsprechende Angebote versandt. Nach Angebotseingang sind anhand der festgelegten Bewertungskriterien die Lieferanten auszuwählen, die für Verhandlungen in Frage kommen. Im Anschluss ist die Verhandlungsstrategie zu entwickeln.

- *Entwicklung neuer Beschaffungsstrategien:* Unter Berücksichtigung der ermittelten Verbesserungsansätze lässt sich nun die neue, detaillierte Beschaffungsstrategie je Produktkategorie oder Teilsortiment entwickeln: Die Beschaffungsländer / -regionen werden ausgewählt, eine Shortlist von Lieferanten wird erstellt und das Konzept für das Lieferantenmanagement entwickelt. Auch werden grundsätzliche Entscheidungen beispielsweise zum Aufbau und der Verwendung einer definierten Stoffbibliothek getroffen, unter Berücksichtigung des starken Trends zu „Bio-Produkten".

- *Absicherung der Potenziale:* Um die ermittelten Potenziale und Maßnahmen abzusichern, sollten möglichst bald die Lieferantenverträge entworfen und (nach entsprechenden Verhandlungen) zum Abschluss gebracht werden. Die neuen Prozesse in der Beschaffung und den angrenzenden Funktionen sollten schriftlich niedergelegt werden.

- *Umsetzungskontrolle:* Hier überprüft man zum einen anhand eines detaillierten Umsetzungsplans, ob die geplanten Veränderungen umgesetzt wurden – und zwar sowohl bei den Lieferanten als auch in der eigenen Organisation; zum anderen verfolgt man die resultierenden Veränderungen in den jeweiligen Kennzahlen (also in Kostenpositionen, Lieferzeiten etc.). Für den Fall, dass der Implementierungsprozess ins Stocken gerät, die finanziellen Resultate enttäuschen oder einzelne Mitarbeiter oder Partner sich nicht an die Absprachen halten, sind korrigierende Eingriffe nötig.

Von zentraler Bedeutung für den Erfolg dieses Arbeitsstrangs ist die Erfolgskontrolle in den Lenkungsausschuss-Meetings. Idealerweise präsentieren die Leiter der Arbeitsteams hier regelmäßig die Fortschritte ihrer Teams: Dies unterstreicht auch, dass die Teamleiter für die Erreichung der gesetzten Ziele verantwortlich sind. Für das Controlling kann dabei eine Härtegrad-Logik hilfreich sein: Je weiter die Maßnahmen bereits umgesetzt sind und je näher sie somit einer Wirksamkeit für das Geschäftsergebnis rücken, desto „härter" werden sie eingestuft, beispielsweise auf einer Skala von „1 – Idee beschrieben" bis „5 – Auftrag abgerufen". So kann der Projektfortschritt wesentlich genauer beurteilt werden, als wenn lediglich nach „umgesetzt" und „nicht umgesetzt" unterschieden wird.

Ganz besonders wichtig ist gerade für diesen Arbeitsstrang, dass sich das Top-Management ausdrücklich zum Projekt bekennt – dieses muss Chefsache sein und bleiben. Nur so werden sich die Mitarbeiter von der Bedeutung der geplanten Veränderungen überzeugen lassen und bereit sein, über das Tagesgeschäft hinaus auch noch Zeit und Kraft in die Projektarbeit zu investieren.

Zweiter Arbeitsstrang der Optimierungsphase:
Neudefinition der Aufbauorganisation und Kernprozesse

Die im ersten Arbeitsstrang optimierten Prozesse sind nun organisatorisch zu verankern – und zwar beginnend möglichst schon parallel zur Pilotwelle des ersten Strangs.

Drei Schritte sind dazu notwendig:

1. *Definition der neuen Organisationsstruktur:* Hierbei ist unter anderem festzuhalten, ob neue Einkaufsbüros eröffnet werden, welche zusätzlichen Verantwortlichkeiten in die lokalen Einkaufsbüros verlagert werden, welche konkreten Aufgaben der zentrale Einkauf hat oder wie die funktionsübergreifenden Beschaffungsteams genau ausgestaltet sein sollen.

2. *Festlegung neuer Standardabläufe:* In diesem Schritt ist unter anderem zu entscheiden, ob Fast-Fashion-Artikel aus Asien oder Europa beschafft werden sollen oder ob bei Replenishment-Produkten zusätzlich zur Fremdfertigung eine Eigenfertigung aufgebaut werden soll.

3. *Ausbau / Anpassung der IT-Unterstützung:* Hier ist beispielsweise an Kalkulations- und Planungstools wie Clean Sheet Costing (für Verhandlungen) oder auch an Tools zur Kostenreduktion wie Design-to-Cost (für die Lieferantenentwicklung) zu denken, aber auch an Software, welche die Auftragsabwicklung unterstützt (beispielsweise im Rahmen elektronischer Ausschreibungsprozesse). Alle diese IT-Systeme und Tools müssen standardisiert, leistungsfähig und leicht zu nutzen sein.

Dass gerade in diesem Strang Führung auch durch das Top-Management unverzichtbar ist, versteht sich von selbst.

Dritter Arbeitsstrang der Optimierungsphase:
Aufbau nötiger Kompetenzen und Kapazitäten

Werden Prozesse, Aufgaben und Verantwortlichkeiten wesentlich verändert, brauchen die Mitarbeiter in der Regel neue Fähigkeiten. Der Aufbau dieser Kompetenzen sollte spätestens parallel zur ersten Rollout-Welle der Optimierungsarbeiten einsetzen.

Für jede neue Rolle sind das Anforderungsprofil und die nötigen Kapazitäten zu definieren und mit dem Ist-Zustand der Skills und Kapazitäten abzugleichen. Zeigen sich Lücken, sind diese nach Ausmaß und Dringlichkeit zu priorisieren. Im Anschluss daran ist zu bestimmen, welche Fähigkeiten und Kapazitäten intern aufgebaut werden können („Build") und welche eingekauft werden müssen („Buy").

- *„Build":* Bei intern schließbaren Lücken wird festgelegt, welche Zielgruppen nach welcher Zeit welche Fähigkeiten aufweisen sollen, und auf dieser Basis wird ein Trainingskonzept einschließlich der erforderlichen Materialien erarbeitet und vor flächendeckender Einführung in einem Pilottraining getestet. Dieses formelle Training wird natürlich durch „Training-on-the-Job", das heißt durch die Arbeit in den einzelnen Optimierungswellen im Projekt, ergänzt.

- *„Buy":* Bei intern schwierig zu schließenden Lücken ist auch über einen Personalaufbau oder -austausch nachzudenken. In diesem Fall ist der konkrete Bedarf qualitativ und quantitativ festzuhalten; dann müssen Stellenausschreibungen gestaltet und publiziert, Bewerber bewertet, ausgewählt und eingestellt sowie die neuen Mitarbeiter in die Belegschaft integriert werden.

Mit Abschluss aller Arbeitsstränge ist das Projekt noch nicht zu Ende: Essenziell ist die Nachhaltung der Ergebnisse – es gilt sicherzustellen, dass die definierten Potenziale realisiert und eine wirklich effizient und effektiv arbeitende Beschaffungsorganisation aufgebaut wird (siehe auch Kasten). Die regelmäßige Fortschrittskontrolle bleibt also auch auf längere Sicht unverzichtbar; daneben sollte auch das Beurteilungs- und Anreizsystem so angepasst werden, dass die Mitarbeiter auf die festgelegten Ziele fokussiert bleiben.

Anspruchsvolle Projektziele so terminieren, dass sie auch erreicht werden können

Nachfolgend ein (fiktives) Beispiel dafür, welche Zielgrößen ein Unternehmen für den Projektzeitraum und die Zeit danach festlegen könnte:

- 1-Jahres-Ziele

  — Bruttomarge um 3 Prozent gesteigert (durch Kostenreduktion und / oder Preispositionierung)

  — Lieferantenbasis zu 50 Prozent in regionale Kompetenz-Cluster konsolidiert

  — Neue Prozesse und Tools implementiert

  — Einkaufsbüro in Indien aufgebaut

- 2-Jahres-Ziele

  — Bruttomarge um 5 Prozent gesteigert (durch Kostenreduktion und / oder Preispositionierung)

  — Lieferantenbasis zu 70 Prozent in regionale Kompetenz-Cluster konsolidiert

  — Kennzahlen zu Zeit, Kosten und Qualität verbessert (durchschnittliche Lieferzeit etc.)

  — Alle geplanten Neueinstellungen in der Beschaffung abgeschlossen

  — Neue IT-Systeme arbeiten reibungslos

- 3-Jahres-Ziele

  — Bruttomarge um 6 Prozent gesteigert (durch Kostenreduktion und / oder Preispositionierung)

  — In der Lieferantenentwicklung branchenweit führende Stellung erreicht

  — Branchenweit Reputation als Best-Practice-Unternehmen aufgebaut – somit hoch attraktiver Arbeitgeber für fähige Kandidaten

Die Optimierung der Beschaffung: Zugegebenermaßen ein komplexes Thema, das enorme Anstrengungen erfordert. Führt man sich jedoch vor Augen, welche gewaltige Bedeutung die Beschaffung gerade im Bekleidungseinzelhandel für die Profitabilität der Unternehmen hat – und dass sie mit wachsender Bedeutung der Eigenmarken noch weit wichtiger wird –, so dürfte sich die Mühe lohnen. Eines steht in jedem Fall fest: Wer seine Beschaffung so ausrichtet, dass sie die strategischen Ziele des Unternehmens optimal unterstützt, der macht auf dem steinigen Weg zur Weltklasse einen großen Sprung nach vorne.

Literaturempfehlungen

M. Albaum: Das Kundenbuch – Menschen und ihr Einkaufsverhalten bei Bekleidung; Frankfurt a.M. 1997.

Außenhandelsvereinigung des Deutschen Einzelhandels e.V. (AVE): Jahresbericht 2006/2007; Köln 2007.

B. Biehl: Produktion für die Welt; in: Lebensmittel Zeitung, 17.12.2004, S. 39.

J. Bredow, B. Seiffert: Incoterms 2000; Bonn 2000.

P. Breuer, C. Eltze, R. Klingler: Exzellenz im Einkauf – die vernachlässigten Reserven; in: akzente, Heft 1/2004, S. 17-23.

P. Breuer, C. Eltze, R. Klingler: Global Sourcing als Chefsache; in: Der Handel, Heft 10/2006, S. 34.

M. Bruhn (Hrsg.): Handelsmarken: Zukunftsperspektiven der Handelsmarkenpolitik; Stuttgart 2001.

Bundesverband des Deutschen Textileinzelhandels e.V. (BTE): Einkaufs- und Beschaffungsführer Textil / Bekleidung Europa; Köln 2003.

Bundesverband des Deutschen Textileinzelhandels e.V. (BTE): Statistik-Report Textileinzelhandel 2007; Köln 2007.

Gesamtverband der deutschen Textil- und Modeindustrie e.V.: Jahrbuch 2006; Eschborn 2007.

A. Hermanns, W. Schmitt, U. Wissmeier (Hrsg.): Handbuch Mode-Marketing: Grundlagen, Analysen, Strategien, Instrumente. Ansätze für Praxis und Wissenschaft; Frankfurt a.M. 1999.

J. Heymans: Management der textilen Supply Chain durch den Bekleidungseinzelhandel; Dissertation an der Universität Mannheim 2004.

M. Janz: Erfolgsfaktoren der Beschaffung im Einzelhandel; Dissertation an der Universität Saarbrücken 2003.

M. Kunkel: Planung und Controlling im Retail-Loop. Proaktives Sortiments- und Bestandsmanagement in traditionellen und vertikalen Wertschöpfungsketten des saison-abhängigen Filialhandels; Dissertation an der Universität Mannheim 2003.

B. Maurer: Liberalisierung des Welttextilhandels - Alles aus Asien?; in: TextilWirtschaft, Heft 10/2005, S. 22-27.

H. Merkel: Logistik Managementsysteme. Grundlagen und informationstechnische Umsetzung; München, Wien 1995.

H. Merkel, B. Bjelicic: Logistik und Verkehrswirtschaft im Wandel: Unternehmensübergreifende Versorgungsnetzwerke verändern die Wirtschaft; München 2003.

F. Straube et al.: International Procurement in Emerging Markets – Discovering the drivers of sourcing success; Bremen 2007.

F. Straube, S. Ma, M. Bohn: Internationalization of Logistics Systems – How Chinese and German companies enter foreign markets; Berlin 2007.

J. Thoms: Vertikalisierung als Erfolgsstrategie im Umgang mit Komplexität und Dynamik – Entwicklung eines ganzheitlich-integrierten Logistikansatzes für den Handel; Dissertation an der Technischen Universität Berlin 2006.

U. Thonemann et al.: Supply Chain Champions – Was sie tun und wie Sie einer werden; Wiesbaden 2003.

U. Thonemann et al.: Supply Chain Excellence im Handel – Trends, Erfolgsfaktoren und Best-Practice-Beispiele; Wiesbaden 2005.

U. Thonemann et al.: Der Weg zum Supply-Chain-Champion – Harte Fakten zu weichen Themen; Landsberg am Lech 2006.

V. Trommsdorff: Konsumentenverhalten; Stuttgart 2004.

J. Zentes: Globales Handelsmanagement; Frankfurt a.M. 1998.

Glossar

Aktionen

Ware, die ereignisbezogen angeboten wird.
Beispiele: T-Shirt zu den Olympischen Spielen, Mütze zum Niko-laustag.

Basics

Standardartikel. Hier synonym verwendet mit *NOS*.

CMT (Cut-Make-Trim)

Gesamtprozess des Stoff-Zuschnitts („Cut"), des Nähens („Make") und des Anbringens der weiteren Elemente an das Kleidungsstück sowie ggf. weiterer Veredelung („Trim").

CMT-Modus

Praxis des *Direkteinkaufs*, bei welcher nur der *CMT*-Prozess an den Bekleidungslieferanten übertragen wird, während der Händler be-ziehungsweise Markenhersteller Einkauf und Logistik aller Zutaten sowie Fertigprodukt-Logistik selbst organisiert. Auch: Passive Lohnveredelung, Lohnfertigung.

Compliance

Handeln in Übereinstimmung mit gesetzlichen oder sonstigen akzep-tierten Standards, insbesondere hinsichtlich sozialer Standards und Umweltschutz.

Dachmarke

Übergeordnete Marke einer „Markenfamilie".
Beispiel: LVMH (Moët Hennessy Louis Vuitton).

Direkteinkauf

Beschaffung im direkten Kontakt mit den Produzenten, ohne Nutzung eines Intermediärs (Agent oder Importeur).

Eigenmarke

Siehe *Handelsmarke.*

Einzelhändler

Handelsunternehmen, welches die Bekleidungsprodukte an den Endkunden verkauft. Traditionell handelte es sich bei den Produkten um Fremdmarken der Herstellerstufe, heute in steigendem Umfang auch um eigene *Handelsmarken.*
Beispiel: Peek & Cloppenburg.

Fast Fashion / Flashes

Ware, die vor allem dem Kundenbedürfnis nach starker *Trendnähe* der Kleidungsstücke Rechnung trägt.
Beispiel: Oberteil ähnlich dem, welches ein Popstar wenige Wochen zuvor bei den Grammy Awards trug.

Gattungsmarke

Marke, die in der Vorstellung des Konsumenten durch relativ niedrige Qualität und relativ niedrigen Preis gekennzeichnet ist. Der Anbieter investiert nicht in die Profilierung der Marke. Auch: *No-Name.*

Händlermarke

Firmenzeichen eines Händlerformats; kann identisch mit der *Handelsmarke* sein. Auch: Store Brand.
Beispiel: Zara.

Handelsmarke

Marke, mit der *Einzelhändler* ihre Waren kennzeichnen. Auch: *Eigenmarke*, Private Label.
Beispiel: „George" von Wal-Mart.

Herstellermarke

Marke, mit der *Markenhersteller* ihre Waren kennzeichnen. Auch: Brand.
Beispiel: „Hugo" von Hugo Boss.

Indirekter Einkauf

Beschaffung unter Nutzung eines Intermediärs (Agent, Importeur).

Kollektionen

Thematisch und saisonal ausgerichtete Kernsortimente.
Beispiel: Sommerkollektion mit dem übergreifenden Thema „Caribbean Paradise".

Landed Cost

Gesamte direkt zurechenbare Kosten für die Handelsware bei Ankunft am Point of Sale, inklusive Produktkosten, Logistikkosten, Zölle, Steuern und Versicherung.

Markenhersteller

Unternehmen, welches intensiv in die Profilierung seiner Marken investiert und seine Bekleidungsprodukte in der Regel selbst entwickelt, seltener auch selbst herstellt (entgegen der eingebürgerten Bezeichnung).
Beispiel: Esprit.

Mill

Stofffabrik.

Modegrad

Ausmaß der Unkonventionalität und der Individualität der Ware. Nicht zu verwechseln mit *Trendnähe*.

No-Name

Siehe *Gattungsmarke.*

NOS (Never-Out-of-Stock)

Ware, die im Laden stets verfügbar sein muss.
Beispiel: Schwarze T-Shirts.

Promotions

Siehe *Aktionen.*

Pull

Steuerlogik der Erstbelieferung i.V.m. einer Option auf ein- oder mehrmalige Nachbelieferung.

Push

Steuerlogik der Einmalbelieferung.

QA (Quality Assurance)

Maßnahmen, welche von vornherein Qualität im Produktionsprozess sicherstellen sollen.

QC (Quality Control)

Prüfung des aus dem Produktionsprozess resultierenden Qualitätsniveaus gegen ein vorgegebenes Niveau.

Replenishment

Laufende Nachversorgung mit *NOS*-Produkten.

Stoffbibliothek

Katalog derjenigen Stoffe, welche durch das Design (ausschließlich) vorzusehen sind.

Themenware

Siehe *Kollektionen.*

Trendnähe

Aktualität der Ware beziehungsweise Grad, zu welchem sie dem „Zeitgeist" entspricht. Nicht zu verwechseln mit *Modegrad.*

Vertikaler Lieferant

Fabrikant, der sowohl Stoffe als auch Bekleidungsprodukte produziert.

Vollkauf

Praxis des *Direkteinkaufs*, bei welcher nicht nur der *CMT*-Prozess, sondern auch die Organisation des Einkaufs und der Logistik aller Zutaten dem Bekleidungslieferanten übertragen wird.

Verzeichnis der Fallstudien

Steuerlogik

Aufbauorganisation

Über die Autoren

Prof. Dr. Helmut Merkel

 Seit dem Jahr 2000 Mitglied des Vorstands der Arcandor AG (vormals KarstadtQuelle AG), Essen, derzeit mit den Ressorts Einkauf, Logistik, IT, Umwelt und Gesellschaftspolitik. Von 2003 an zudem Vorstandsvorsitzender der Karstadt Warenhaus AG, Essen beziehungsweise Vorsitzender der Geschäftsführung der Karstadt Warenhaus GmbH, Essen bis zum erfolgreichen Abschluss der Restrukturierung 2006.

Zuvor verschiedene Management-Aufgaben, u.a. als Mitglied der Geschäftsführung der internationalen Handelsgruppe Deichmann, als Vorstandsvorsitzender der DAT AG und als Vorstandsmitglied der SEMA Group.

Seit 2004 Aufsichtsratsvorsitzender der GS1 Germany und Präsident der BAG (Bundesarbeitsgemeinschaft für die Mittel- und Großbetriebe des Einzelhandels), nach Integration der BAG in den HDE (Hauptverband des Deutschen Einzelhandels) im Jahre 2006 dessen Vizepräsident. Mitglied im Präsidium des BDA (Bundesverband der Arbeitgeberverbände) und seit 2007 Präsident der IGDS (International Group of Department Stores).

Seit 1990 Professor an der Universität Mannheim im Fachgebiet Betriebswirtschaftslehre, Logistik und Wirtschaftsinformatik.

Studium der Betriebswirtschaftslehre und Promotion an der Universität Mannheim.

Dr. Peter Breuer

Seit 12 Jahren tätig als Unternehmensberater und Partner einer renommierten internationalen Unternehmensberatung und dort Leiter des deutschen Handels- und Konsumgüter-Sektors. Seine Schwerpunkte liegen in der Beratung führender Handels-, Konsumgüter- und Automobilunternehmen weltweit mit einem Fokus auf operativen Fragestellungen.

Bis 1996 wissenschaftlicher Mitarbeiter am Mathematischen Institut der Universität Köln.

Im Jahr 1994 Abschluss als Dr. rer. nat. im Fach Mathematik an der Universität Duisburg sowie 1991 als Dipl.-Mathematiker an der Universität Köln.

Christoph Eltze

Seit 10 Jahren tätig als Unternehmensberater und Partner einer renommierten internationalen Unternehmensberatung. Seine Schwerpunkte liegen in der Beratung führender Handels- und Konsumgüterunternehmen weltweit mit einem Fokus auf operativen Fragestellungen.

Im Jahr 1998 Abschluss als Dipl.-Kaufmann nach Studium an den Universitäten Düsseldorf und Grenoble (Frankreich).

Jürgen Kerner

Seit 4 Jahren tätig als Unternehmensberater in einer renommierten internationalen Unternehmensberatung und seit 2006 externer Doktorand an der Technischen Universität Berlin, Bereich Logistik, bei Prof. Dr.-Ing. Frank Straube.

Im Jahr 2003 Abschlüsse als Dipl.-Ingenieur im Fach Maschinenbau und als Dipl.-Kaufmann nach Studium an den Universitäten TU München, Massachusetts Institute of Technology (USA), FernUniversität Hagen und LMU München.

Druck: Krips bv, Meppel, Niederlande
Verarbeitung: Stürtz, Würzburg, Deutschland